建设工程关键环节质量预控手册

建筑分册

装饰篇

上海市工程建设质量管理协会
上海市建设工程安全质量监督总站 主编

同济大学出版社·上海

图书在版编目(CIP)数据

建设工程关键环节质量预控手册. 建筑分册：装饰篇/上海市工程建设质量管理协会，上海市建设工程安全质量监督总站主编. —上海：同济大学出版社，2021.10

ISBN 978-7-5608-9946-6

Ⅰ. ①建… Ⅱ. ①上… ②上… Ⅲ. ①建筑装饰—工程质量—质量控制—手册 Ⅳ. ①TU712.3-62

中国版本图书馆 CIP 数据核字(2021)第 205532 号

建设工程关键环节质量预控手册(建筑分册)：装饰篇

上海市工程建设质量管理协会
上海市建设工程安全质量监督总站   主编

| 策　　划 | 高晓辉 | **责任编辑** | 李　杰 | **责任校对** | 徐春莲 | **封面设计** | 陈益平 |

出版发行　同济大学出版社　　　www.tongjipress.com.cn
　　　　　(地址：上海市四平路 1239 号　邮编：200092　电话：021-65985622)
经　　销　全国各地新华书店
排　　版　南京文脉图文设计制作有限公司
印　　刷　上海丽佳制版印刷有限公司
开　　本　787 mm×1092 mm　1/16
印　　张　5.5
字　　数　137 000
版　　次　2021 年 10 月第 1 版　　2022 年 10 月第 2 次印刷
书　　号　ISBN 978-7-5608-9946-6

定　　价　50.00 元

编委会

前言

进入新时代,为深入贯彻落实《中共中央 国务院关于开展质量提升行动的指导意见》,坚持以质量第一的价值导向,顺应高质量发展的要求,确保工程建设质量和运行质量,建设百年工程。

建筑工程质量,事关老百姓最关心、最直接、最根本的利益,事关人民对美好生活的向往。随着社会的进步,人民群众对建筑工程品质的需求日益提高,不再满足于有房住,更要求住好房。近年来,国家持续开展工程质量治理和提升行动,在全面落实工程质量主体责任等方面取得了显著成效。质量提升永无止境,面对新形势新要求,我们要把人民群众对高品质建筑的需求作为根本出发点和落脚点。

近年来,建筑业迅猛发展,建设工程项目中质量问题时有发生,特别是一些质量通病在竣工交付后得不到根治。从质量投诉多发问题来看,外墙渗漏、门窗渗漏、外墙脱落、保温层脱落、墙面开裂、卫生间漏水、水管漏水等质量问题占比较大;从发生质量问题的项目类型来看,住宅类项目居多。其原因有前期盲目抢工、施工工艺不达标、关键节点做法不正确、施工过程监管不到位等。后续整改维修费时费力,因此,需加强前端针对性预控措施。建筑工程质量问题,重在预控。

上海市工程建设质量管理协会和上海市建设工程安全质量监督总站在参照国家、上海市现行有关法律、法规、规范及工程技术标准基础上,组织上海市各大施工单位总结了工程建设质量管理和质量防治的相关经验,编制了《建设工程关键环节质量预控手册》(建筑分册)(以下简称《质量预控手册建筑分册》)。

《质量预控手册建筑分册》分为结构篇、装饰篇、安装篇、消防篇,比较详细地分析了建筑工程建设过程中对结构安全、交付使用有较大影响的关键环节质量问题的成因、表现形式,提出了针对性的预控手段。

《质量预控手册建筑分册》适用于建筑工程建设现场管理人员的日常质量管理,既可作为现场质量管理的工具书,也可作为参建单位的内部质量培训教材,对设计、监理、供应商等参与工程建设的各相关方提升质量管控水平都有较好的指导、借鉴意义,希望《质量预控手册建筑分册》的出版能为建设工程质量的提升有所帮助。

由于时间和水平所限,不足之处在所难免。如有不妥之处,恳请业界同仁批评指正。

编者

2021 年 8 月

目录

1.0.1 为进一步提高上海市建筑工程质量水平,规范建筑工程关键环节质量预控工作,推进建筑业稳定健康发展,特编制本手册。

1.0.2 本手册以施工单位施工过程中常见的质量问题为导向,基于竣工交付后社会(业主)反映的焦点问题、新技术运用所产生的质量问题、涉及结构安全和使用功能的质量问题应采取的预控措施进行编制。

1.0.3 本手册适用于上海市建筑工程关键环节的质量预控,其他工程关键环节的质量预控可参照本手册的规定执行。

1.0.4 建筑类工程关键环节的质量预控方法、措施和要求除执行本手册外,还应执行国家、上海市现行相关工程建设标准。

2 术语

2.0.1 关键环节

指涉及结构安全和重要使用功能的工序中施工难度大、过程质量不稳定或出现不合格频率较高的施工环节；对产品质量特性有较大影响的施工环节；施工周期长、原材料昂贵，出现不合格品后经济损失较大的施工环节；对形成的产品是否合格不易或不能经济地进行验证的施工过程环节。

2.0.2 耐碱涂覆中碱玻璃纤维网格布（简称耐碱涂覆网布）

用于系统抹面层中，以中碱玻璃纤维织成的网布为基布、表面涂覆高分子耐碱涂层制成的网格布。

2.0.3 建筑幕墙

由支撑结构体系与面板组成的、可相对主体结构有一定位移能力、不分担主体结构所受作用的建筑外围护结构或装饰性结构。

2.0.4 无机纤维

无机纤维是以矿物质为原料制成的化学纤维。主要品种有玻璃纤维、石英玻璃纤维、硼纤维、陶瓷纤维、金属纤维等。

2.0.5 再生集料楼板隔声保温系统

由再生橡胶隔声保温混合料、再生轻骨料混凝土和护边带组成，铺设于钢筋混凝土楼板结构层上，与楼板结构层共同形成具有隔声和保温功能的构造。

2.0.6 再生轻骨料混凝土

以粒径不大于 18 mm 的燃煤炉底渣为骨料，以水泥为胶凝材料，加水搅拌后配制成干表观密度不大于 1 200 kg/m³ 的轻质混凝土。

3.0.1 建设单位是建设工程质量问题控制的第一责任人,负责组织实施建设工程质量控制,不得随意压缩工程建设的合理工期与刻意追求低价中标;在组织实施中应采取相关管理措施,保证本手册的执行。

3.0.2 设计单位在建设工程设计中,应按照本手册的规定采取控制质量问题的相应设计措施,并将质量问题控制的设计措施和技术要求向相关单位交底。

3.0.3 施工单位应认真编写工程质量问题控制方案和施工措施等质量问题预控类方案,由施工企业项目技术负责人核准后经监理单位审查,建设单位批准后实施。

3.0.4 装饰工程施工应符合下列要求:

(1)装饰工程所使用的各类材料、构配件、器具及半成品等,其品种、规格、性能等必须符合现行国家或行业产品标准和设计要求。材料进场应进行外观检查、质量证明文件检查、厂家资质检查等,施工质量验收规范或本标准规定材料进场需复验的,应检查复验报告。

(2)各道工序施工严格执行"三检制",对各道工序加工的产品及影响产品质量的主要工序要素进行检验,防止不合格品流入下道工序。

(3)装饰工程应先施工样板间,样板间制作完成后,建设单位应组织各责任主体进行验收,验收合格并形成装修施工工艺及质量控制措施后方可展开施工。大面施工所用的主要材料、电气设备、卫生器具等应与样板间相一致;当有变更时,其品质不得低于样板间。

(4)在工序施工前,项目须结合工程特点和实际情况,对各工种负责人下达详细质量交底,交底内容包括施工准备、施工工艺、质量标准、特殊要求、成品保护等方面。

(5)装修施工过程中和交付前,应采用覆盖、包裹、贴膜等措施,对地面、门窗等容易污染或损坏的成品、半成品进行保护。

4 建筑装饰装修

4.1 建筑地面

4.1.1 水泥楼地面起砂、空鼓、裂缝控制

【问题描述】

地面粗糙,光洁度差,颜色发白,不坚实。走动后,表面先有松散的水泥灰。随着走动次数的增多,砂粒逐步松动,有成片水泥硬壳剥落,露出松散的水泥和砂子,如图4-1所示。

图 4-1 地面起砂

【原因分析】

(1)水泥砂浆或混凝土水灰比存在偏差,稠度或坍落度过大,砂偏细或粉煤灰掺多。

(2)施工时未在水泥浆终凝时完成压光收头,后期未做好养护工作。

【预控措施】

(1)严格控制水灰比。用于地面面层的水泥砂浆的稠度不应过大。垫层事前要充分湿润,水泥浆要涂刷均匀,随铺灰随用。

(2)掌握好面层的压光时间。水泥地面的压光一般不应少于三遍。第一遍应在

面层铺设后随即进行。先用木抹子均匀搓打一遍,使面层材料均匀、紧密、抹压平整,以表面不出浆为宜。第二遍压光应在水泥初凝后、终凝前完成(一般以上人时有轻微脚印但又不明显下陷为宜),将表面压实、压平整。第三遍压光主要是消除抹痕和闭塞细毛孔,进一步将表面压实、压光滑(时间应掌握在上人不出现脚印或有不明显的脚印为宜),但切忌在水泥终凝后再压光。

(3)水泥地面压光后,应视气温情况进行洒水养护,或用草帘、薄膜覆盖后洒水养护,合理安排施工工序,避免过早上人。

【纠偏措施】

(1)小面积起砂且不严重时,可用磨石将起砂部分水磨,直至露出坚硬的表面;也可用纯水泥浆罩面的方法修补。

(2)大面积起砂时可用建筑用胶水泥浆修补,具体做法为:清理起砂部分,并用清水冲洗干净,若有裂缝或明显凹痕时先用建筑用胶制成的腻子嵌补,之后用建筑用胶加水涂刷地面表面,将建筑用胶水泥浆分层涂抹并刮平,完成后按水泥地面养护方法进行养护。

(3)严重起砂时必须将面层全部铲除重做。

【问题描述】

水泥楼地面出现空鼓现象(图4-2),用小锤敲击,声音异常。使用一段时间后,容易开裂,严重时大片剥落。

图4-2 地面空鼓

【原因分析】

(1)施工前未将地面垃圾清理干净,基层面存在杂质、污物。

（2）基层平整度存在偏差,致使施工完的面层厚度不均匀,造成空鼓或开裂。

（3）结浆后未能及时施工,造成水泥浆风干硬结。

【预控措施】

（1）严格处理垫层或基础层,认真清理表面的浮灰、浆膜以及其他污物,冲洗干净。如底层表面相对光滑,则应凿毛。

（2）控制基层平整度,用 2 m 直尺检查,其凹凸度不应大于 10 mm,以保证面层厚度均匀一致。

（3）面层施工前 1～2 d,应对基层认真进行浇水湿润,使基层具有清洁、湿润、粗糙的表面。

（4）地面混凝土浇筑前应在基层面涂刷一层水泥浆作为黏结层,增强面层与基层间的黏结强度。

【问题描述】

水泥楼地面出现龟裂、墙角直裂缝、轮廓裂纹、不规则或斜向纹等裂缝,如图 4-3 所示。

图 4-3　地面开裂

【原因分析】

（1）养护不及时。

（2）压实收光不到位。

（3）材料配比不合理。

【预控措施】

（1）施工完成后 24 h,应视气温情况进行洒水养护,或用草帘、薄膜覆盖后洒水养护。

（2）施工完成后要做好现场的封闭保护,房屋门窗应封闭,避免穿堂风,防止过快风干,引起开裂。

（3）控制混凝土质量,浇筑前检查混凝土是否离析、配比是否异常。

（4）铺设抗裂钢丝网,钢丝网丝径宜为 4 mm,孔大小为 10 cm×10 cm,放置适宜数量(每平方米不少于 4 个)的垫块,铺设完成后不得踩踏,以防钢丝网下沉,无法起到预防开裂的作用。

（5）对于带有保温板及保温砂浆的楼地面工程,应在初凝后对地面进行切缝,预留混凝土收缩空间,减少开裂。

4.1.2 楼梯踏步阳角开裂或缺损控制

【问题描述】

踏步在阳角处开裂或剥落,有的在踏步平面上出现通长裂缝,然后沿阳角上下逐步剥落,既影响使用,也不美观,如图 4-4 所示。

图 4-4 楼梯踏步阳角破损

【原因分析】

（1）用素水泥浆罩面。

（2）工序颠倒。

（3）踏步完成后养护时间短,直接上人。

（4）成品保护不到位。

【预控措施】

（1）踏步抹面(或底糙)前,应将基层清理干净,并充分洒水湿润,最好提前 1 d 进行洒水湿润。

（2）抹灰前应先刷一度素水泥浆结合层,水灰比应控制在 0.4～0.5 之间,并严格做到随刷随抹。

（3）砂浆稠度应控制在 3.5 cm 左右。

（4）一次粉抹厚度应控制在 1 cm 之内,过厚的粉抹应分次进行操作。抹踏面时宜在阳角加设 4 mm 钢丝或铜条护角。

（5）踏步平、立面的施工顺序应先抹立面,后抹平面,使平、立面的接缝在水平方向,并应将接缝搓压紧密。

（6）抹面(或底糙)完成后应加强养护。养护天数一般为 7～14 d,养护期间应禁止行人上下。

（7）工程竣工前,宜用木板置于踏步阳角处保护,阳角不应被碰撞损坏。

4.1.3　楼梯踏步尺寸偏差控制

【问题描述】

楼梯梯段踏步的高度不一致(图 4-5),行人上下行走时存在安全隐患。

图 4-5　楼梯踏步高度不一致

【原因分析】

没有区分结构标高和建筑标高。

【预控措施】

图纸会审时,应弄清楚楼梯面层和楼面面层材料的品种和厚度要求,当面层材料的品种和厚度不同时,在主体结构施工阶段就要注意调整楼梯起步踏级和最终踏级的级高尺寸,以使面层完成后整个梯段踏级的级高尺寸一致(允许偏差:相邻踏步高差小于 10 mm)。

4.1.4 厨卫间等有防水要求的楼地面渗漏水控制

【问题描述】

厨卫间地面常有积水,顶棚表面、墙角等部位经常潮湿(图 4-6)。沿管道边缘或管道接头处渗漏滴水,甚至渗漏到墙体内形成大片湿润,造成室内环境恶化。

图 4-6 顶棚表面潮湿

【原因分析】

(1) 在所有建设工程中都会碰到管道设备安装,通常管道与混凝土结构接触部位都是先安装完管道,后使用添加微膨胀剂的混凝土进行封堵。由于施工工艺的缺陷,该部位经常会出现渗漏现象。

(2) 防水施工时,防水涂膜或卷材未形成有效止水封闭。

【预控措施】

(1) 贯穿楼层的管道采取止口型一次性预埋套管,在浇筑混凝土结构时,将该套管进行预埋,在立管安装时只需插入预埋套管中,然后打胶进行管道与套管连接即可完成施工,不存在后续的填缝工序。由于是在支模阶段进行预埋,因此,定位需要精确到位,同时必须固定牢固,防止在浇筑混凝土时振动或碰撞使其偏位。

(2) 为防止卫生间墙角渗水,卫生间的墙板根部应一次浇筑成型高 300 mm 的

C20 混凝土导墙,并加强养护,严禁开裂;卫生间、厨房、阳台等地面在结构施工时,结构地面落低 20 mm,从结构上一次形成止水口;地漏外加铸铁防水托盘,提高地漏的防水质量。

(3)有防水要求的楼地面应设计防水隔离层。在水泥砂浆或混凝土找平层上铺防水卷材或涂刷防水涂料隔离层时,找平层应表面洁净、干燥,其含水率不应大于9%;并应涂刷基层处理剂,基层处理剂应采用与卷材性能配套的材料或采用同类涂料的底子油;铺设找平层后,涂刷基层处理剂的相隔时间及其配合比均应通过试验或有关规定确定;防水材料应向上铺涂,并应高出面层 250 mm;阴阳角和穿过楼板面管道的根部应增加铺涂防水材料。

(4)楼地面结构层施工时应按给排水、电气等预留孔洞的位置、大小预留准确,不应事后打洞,楼面结构层的标高应准确。

(5)楼地面工程,在铺设找平层前,应对主管、套管和地漏楼板节点之间进行密封处理。

(6)施工单位应加强对防水层的保护,严禁破坏,初装房竣工前必须施工防水保护层。

(7)被水淋的墙面应设防水层,其余墙面应设置防潮层,使用涂料的部位应使用具有耐水性能的腻子,应选用耐洗刷性能的涂料。

(8)瓷砖勾缝应用水泥浆或水泥砂浆,不得用石膏灰。

(9)施工后做好 24 h 蓄水试验,及时修补渗漏点。

4.1.5　木地面霉变、拱起、异响、划伤控制

【问题描述】

木地面在使用过程中出现发霉、拱起、异响、划伤等现象,如图 4-7 所示。

图 4-7　木地面发霉、拱起

【原因分析】

(1) 防潮措施不到位。

(2) 木地板与墙体未留缝。

(3) 木地板安装不到位。

【预控措施】

(1) 木地面周边和有湿气的底层底面应采取可靠的防潮处理措施。

(2) 有楞木地板的木方断面尺寸不应小于 30 mm×40 mm,且木方应采取可靠的固定措施,固定点和木方的间距不应大于 400 mm。

(3) 木方和毛地板必须做防腐处理,木工板或九厘板做底板时,底面应刷防腐剂。

(4) 木地板与墙体之间应留 10~15 mm 的缝隙,并用踢脚板或踢脚线条封盖。

(5) 木地板应拼缝严密,板面无翘曲,踏踩无明显响声,表面无损伤,同一房间每处划伤最长不超过 150 mm,累计长度不超过 500 mm。

(6) 木地板铺装完成后,应及时采取覆盖等保护措施。

4.1.6 地面防水施工控制

【问题描述】

地面防水施工完成后,板底、穿墙管道处、墙根处出现渗水的现象,如图 4-8 所示。

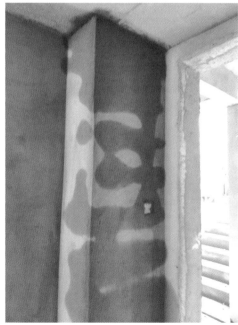

图 4-8 穿墙管道处、墙根处渗水

【原因分析】

(1)结构施工时,管根和墙根处混凝土不密实,存在缝隙。

(2)防水施工质量差。

【预控措施】

1. 细部处理

(1)穿墙管道处理:浇筑混凝土前应将洞口清洗干净并做毛化处理;混凝土应分两次浇筑,待混凝土凝固后进行蓄水试验,无渗漏后用细石混凝土浇筑至与楼面结构相平;管根用掺入抗裂防渗剂的水泥砂浆制作管台。

(2)止水导墙处理:在浇筑止水坎之前,止水坎区域应凿毛并刷界面剂;采用C20细石混凝土浇筑,宽度与墙体同宽,高度为卫生间地面完成面以上200 mm;浇筑时应振捣密实,预埋件预设到位;卫生间墙背面是房间的,应做JS或单组分聚氨酯防潮处理。

(3)淋浴房止水坎处理:淋浴房与其他部位之间的分隔,一般采用现浇混凝土或不锈钢板止水坎方案;淋浴房止水坎下方均需制作防水翻边,翻边处地面应预先凿毛,采用细石混凝土浇捣,挡水翻边与墙体交接处应伸入墙体20 mm,并与地面统一做防水处理。

(4)卫生间门槛下止水坎处理:门槛石下部必须浇筑C20细石混凝土止水坎,浇筑之前原楼面部位必须进行凿毛处理,并刷界面剂;止水坎应嵌入两侧墙体内20 mm;门槛石须采用湿铺法。

2. 防水施工

(1)基层处理:在地面做防水之前,需将地面进行细部找平,顺地漏方向找坡;基层应平整、坚实、干净、无浮灰和油污,阴阳角应进行加强处理,基层起砂、开裂、破损等缺陷部位剔凿打磨后,用防水浆料修补处理;基层施工前需润湿,但不得有明水,含水率符合规范的要求。

(2)地漏口防水处理:地漏与基层交接部位预留10 mm×10 mm的环形凹槽,内嵌密封材料;原地漏上口必须与原结构楼板平齐,不能高于结构楼板层表面,地面坡向地漏。附加防水处理:地漏口先刷一道涂料;铺贴300 mm宽聚酯纤维无纺布或耐碱玻纤布作为附加层,搭接宽度不小于100 mm;附加层上部再涂刷一层涂料;卫生间防水层必须伸入原地漏内侧。

3. 防水层成品保护

(1)防水施工后,夏季48 h内、冬季72 h内作业面上禁止踩踏、用水,进行下道工序施工;应做好围挡工作,并贴上禁止入内的标志,以免破坏防水层。

(2)后道工序施工时,注意不要破坏防水层,如:穿钉鞋、在防水层上直接拌砂浆、切割瓷砖、用人字梯施工等。

（3）不得在已验收合格的防水层上打眼凿洞,如必须穿透防水层时,应先与技术管理人员沟通,以便提出合理的修补措施并及时进行修补。

（4）钢筋绑扎和模板支设时应尽量减少对防水层的冲击,必要时可加设柔性材料进行隔离。严禁抛掷钢管、钢筋、扳手等材料和工具,以免破坏防水层。

（5）在施工过程中对易受污染、破坏的防水层成品和半成品要进行标识和防护,并派专人进行巡视检查,发现有保护措施被损坏的,要及时进行修复。

4.1.7　隔声地坪施工控制

【问题描述】

隔声地坪出现空鼓、开裂的现象,如图 4-9 所示。

图 4-9　隔声地坪开裂

【原因分析】

（1）C20 细石混凝土粉煤灰含量过多。

（2）保温板与混凝土膨胀系数差异大。

（3）保温层与基层之间不易黏结牢固。

【预控措施】

（1）在细石混凝土中掺加粉煤灰,以改善其泌水性,减弱其离析作用,提高其和易性。

（2）选择合适的隔声材料(挤塑聚苯乙烯 XPS 材料)。

（3）基层清理干净,影响面层厚度的突出部位应提前平整,凹凸处高低差不得大于 10 mm。

（4）将挤塑聚苯乙烯板裁成 600 mm×600 mm 的小块,采用扫素水泥满粘法施工。铺设时,距离控制在 30～50 mm,如图 4-10 所示,并在挤塑聚苯乙烯板上下铺设双层 $\phi4@100$ 的成品钢筋网片,搭接长度为 100 mm。在门洞墙体阳角处,增设 $\phi4$ 放射筋。

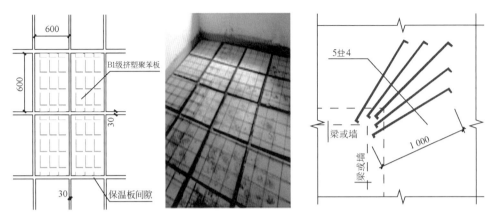

图 4-10   挤塑聚苯乙烯板施工(单位:mm)

（5）伸缩缝:墙根部采用 10 mm 保温板嵌入留设的伸缩缝,阳角部分设置 1 道伸缩缝,门边设置 2 道伸缩缝(可以后切缝)。

（6）混凝土浇筑完成 12 h 后,采用花洒喷水养护地坪面层混凝土,养护时间为 7 d。

4.2   抹灰

4.2.1   外墙抹灰空鼓、裂缝控制

【问题描述】

外墙抹灰出现空鼓、裂缝现象(图 4-11)。

图 4-11   外墙抹灰空鼓、裂缝

【原因分析】

（1）基层未清理,未甩浆。

（2）表面平整度、垂直度偏差大,局部抹灰偏厚。

（3）挂网不牢固,钢丝网刚度不足。

（4）抹灰未分层施工,施工后未进行养护。

【预控措施】

（1）墙体基层表面的砂浆残渣污垢、隔离剂、油膜等要清理干净。

（2）基层表面垂直度和平整度偏差超过 8～10 mm 的部位，应在抹灰前剔平。

（3）表面光滑的混凝土墙面应剔毛，抹灰前先涂刷一道水泥浆黏结层或甩浆，以增强基层的砂浆黏结能力。

（4）在主体结构、构造柱、圈梁、过梁与砌体墙等部位采取铺贴网格布、钢丝网等加强措施。

（5）抹灰前墙面应浇水湿润。

（6）抹灰砂浆的和易性和黏结强度须符合规范要求。

（7）墙面抹灰应分遍完成，分层抹灰，每层 5～8 mm 厚。收光抹压以表面达到微露砂粒、充满细小砂眼、手感粗糙而平整的效果为最佳。

（8）抹完面灰 24 h 后，养护不少于 3 d。

外墙抹灰施工如图 4-12 所示。

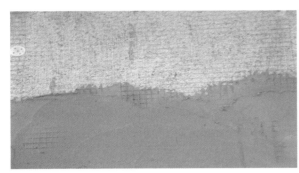

图 4-12　外墙抹灰施工

4.2.2　内墙抹灰空鼓、开裂控制

【问题描述】

内墙抹灰出现空鼓、开裂现象（图 4-13）。

图 4-13　内墙抹灰空鼓、开裂

【原因分析】

（1）基层未清理，未甩浆。

（2）表面平整度、垂直度偏差大，局部抹灰偏厚。

（3）挂网不牢固，钢丝网刚度不足。

（4）抹灰未分层施工，施工后未进行养护。

【预控措施】

（1）墙体基层表面的砂浆残渣污垢、隔离剂、油膜等要清理干净。

（2）基层表面垂直度和平整度偏差超过 8～10 mm 的部位，应在抹灰前剔平。

（3）表面光滑的混凝土墙面应剔毛，抹灰前先涂刷一道水泥浆黏结层或甩浆，以增强基层的砂浆黏结能力。

（4）在主体结构、构造柱、圈梁、过梁与砌体墙等部位采取铺贴网格布、钢丝网等加强措施。

（5）抹灰前墙面应浇水湿润。

（6）抹灰砂浆的和易性和黏结强度须符合规范要求。

（7）墙面抹灰应分遍完成，分层抹灰，每层 5～8 mm 厚。收光抹压以表面达到微露砂粒、充满细小砂眼、手感粗糙而平整的效果为最佳。

（8）抹完面灰 24 h 后，养护不少于 3 d。

内墙抹灰施工如图 4-14 所示。

图 4-14　内墙抹灰施工

4.2.3　顶棚抹灰裂缝、脱落控制

【问题描述】

顶棚抹灰出现裂缝、脱落现象（图 4-15）。

图 4-15　顶棚抹灰裂缝、脱落

【原因分析】

（1）混凝土楼板不平整,顶板水平度超差。

（2）楼板表面存在隔离剂、油膜。

（3）楼板表面光滑。

（4）楼板存在蜂窝麻面等缺陷。

【预控措施】

（1）楼板模架支设完成后,应复核模板表面的平整度,对于超过 5 mm 的部位进行调整。发现楼面顶板水平度极差超过 15 mm 时,应提前剔凿,保证水平度在 15 mm 以内。

（2）安装模板后宜使用水性脱模剂。

（3）对于表面光滑的混凝土顶棚,抹灰前先涂刷一道水泥浆黏结层,以增强基层砂浆的黏结能力。

（4）发现楼板存在蜂窝麻面的应修补后再抹灰(图 4-16)。

（5）抹灰前,顶板应提前 24 h 喷水湿润,抹灰时再洒一遍。

图 4-16　修补后的楼面顶板

4.3 外墙防水

4.3.1 外墙面渗漏

【问题描述】

混凝土结构外墙渗漏(图 4-17)。

图 4-17 混凝土结构外墙渗漏

【原因分析】

混凝土浇筑不密实、螺杆洞封堵不密实、墙面裂缝、预制混凝土墙板接缝封堵不密实等。

【预控措施】

(1)在图纸会审时,发现外墙采用砌体结构的需要及时与设计单位沟通,改为现浇结构或预制结构。

(2)严格控制混凝土配合比,确保水灰比、坍落度等符合施工要求。

(3)现浇结构预留钢筋位置需凿毛,确保后浇筑混凝土与原结构结合严密无裂缝。

(4)预制混凝土结构板接缝处应采用柔性材料黏结,防止后期因墙面热胀冷缩产生裂缝。

(5)对于现浇结构穿墙螺杆洞的封堵,注意外墙砂浆封堵的深度,不得小于3 cm,洞口封堵需完全覆盖住洞口;洞口涂刷聚氨酯,需完全覆盖砂浆封堵面积且厚度不小于2 mm;洞内打发泡剂以溢出洞口为宜,对于溢出部分应用手按入洞内,不可将多余的发泡剂铲除。

(6)拆除悬挑型钢及连墙件等留下的洞口时,需用细石混凝土浇筑,同时将外墙部位涂刷聚氨酯防水材料。

4.3.2 外墙阳台渗漏

【问题描述】

阳台顶板或套管处渗水(图 4-18)。

图 4-18　阳台顶板或套管处渗水

【原因分析】

阳台板开裂、阳台防水措施不到位、阳台排水不畅、地漏周边吊洞施工质量差等。

【预控措施】

(1) 阳台位置混凝土浇筑完成后及时养护,不能提前拆除支撑及提前上人或材料,以免造成结构开裂导致渗水。

(2) 阳台套管位置需严格控制吊洞质量,吊洞分层分次浇筑,中间涂刷防水材料,并蓄水检测是否渗漏。

(3) 阳台位置防水高度不宜小于 30 cm,防水需分层分次进行,需下面层干透才可进行上层防水层施工;施工前需将地面清理打磨干净,以免影响防水施工质量;施工完成后及时检查,发现透底及开裂现象需及时整改,并对完成面进行蓄水试验。

4.3.3　外墙雨棚渗漏

【问题描述】

外墙雨棚与墙面缝隙渗漏(图 4-19)。

【原因分析】

雨棚与墙面接缝处开裂、打胶不密实、雨棚排水不畅等。

【预控措施】

(1) 雨棚施工过程中,检查接缝是否密实,如有缝隙,需采用硅胶等相关材料进行封堵。

(2) 检查雨棚与墙面间是否有缝隙,如有缝隙,需及时采取措施进行封堵。

(3) 检查雨棚的坡度是否符合规范要求,雨后雨棚顶部是否有积水,如有积水,需对雨棚顶部平整度进行处理。

图 4-19　外墙雨棚渗漏

4.3.4　外墙分隔缝渗漏

【问题描述】

外墙预制墙板接缝处分隔缝渗漏(图 4-20)。

图 4-20　外墙分隔缝渗漏

【原因分析】

预制结构拼接不密实、填缝材料老化开裂等。

【预控措施】

(1) 检查分隔缝边的混凝土是否拍实、抹光、密实。

(2) 检查分隔缝侧边是否扫刷干净或混凝土不干燥就嵌填密封膏，密封膏与侧壁是否黏结牢固。

(3) 检查内部嵌条是否填塞密实，特别是外架踏板处，由于施工不便，常常被工人遗漏,导致该处渗漏水。

4.3.5　外墙脱落

【问题描述】

外墙抹灰装饰面脱落(图 4-21)。

图 4-21　外墙抹灰装饰面脱落

【原因分析】

外墙材料黏结不牢固、材料老化等。

【预控措施】

(1) 检查施工前基层是否清理干净,界面剂是否黏结牢固,墙面是否提前湿润;施工完成后跟踪检查表面是否存在空鼓、开裂等质量问题,并及时处理。

(2) 检查外墙使用的材料是否符合要求,砂浆用料是否使用海沙或碎石子代替黄沙,外墙使用的涂料及真石漆是否符合要求,且不得在雨水天气施工。

4.4　门窗

【问题描述】

外墙窗边洞口下雨后渗水(图 4-22)。

【原因分析】

(1) 窗框存在缝隙。

(2) 窗框塞缝不密实。

(3) 窗洞上口未设置滴水线(槽)。

(4) 窗洞下口处找坡错误。

(5) 窗框泄水孔堵塞。

图 4-22　外墙窗边洞口下雨后渗水

【预控措施】

(1)窗户型材要满足要求,窗框入场后,检查窗框有无缝隙,结构是否牢固。

(2)窗框安装固定后,底部防水砂浆塞缝前需将窗台底部清理干净,并洒水湿润,窗框两侧防水砂浆上翻高度不低于 10 cm,塞缝需密实。

(3)窗边发泡剂施工前检查窗框与窗口间距,如果间距大于 2 cm,则窗边需用防水砂浆重新收边;发泡剂施工后保证窗框与窗洞之间饱满密实,无透缝,对多余的发泡剂不可铲除,应用手按下去,不得破坏发泡剂表层。

(4)注意窗洞上下口的坡度,切忌外高内低,造成倒泛水。

(5)窗洞上部贴滴水条,滴水线不应到头,应与左右两侧窗框间距 3 cm。

(6)铝合金窗框下槛泄水孔不得堵塞,其位置、数量应保证雨天下槛排水通畅。

4.5　饰面砖工程

4.5.1　室内饰面砖、地砖(含石材)空鼓控制

【问题描述】

室内饰面砖、地砖(含石材)产生空鼓现象(图 4-23)。

【原因分析】

(1)基层处理达不到施工要求,如清理不到位、过于干燥光滑、贴砖前基层没有湿水或湿水不透,砂浆水分被基层吸收影响黏结力。

(2)基层偏差大,镶贴抹灰过厚,干缩过大。

图 4-23 室内饰面砖、地砖空鼓

(3) 墙砖、地砖泡水湿润时间不够或水膜没有晾干。

(4) 结合层砂浆过稀,配合比不准,稠度控制不好,粘贴饱满度不够,不密实。

(5) 粘贴砂浆初凝时拨动砖体。

(6) 门窗框边封堵不严,开启引起松动空鼓。

(7) 使用不合格的墙砖、地砖。

(8) 墙砖、地砖铺贴完成后,养护不到位。

【预控措施】

1. 室内饰面砖、地砖(含石材)预防空鼓施工材料要求

(1) 所用水泥为硅酸盐或普通硅酸盐水泥,必须有出厂合格证和复检报告,结块的水泥不能使用。

(2) 基层砂浆用中粗砂或中砂拌制,黄沙的含泥量应小于或等于 1%。

(3) 墙砖、地砖进场后取样测定吸水率,对吸水率小于或等于 5% 的墙砖、地砖,铺贴前不宜浸水湿润,因其吸水率低,可吸干砂浆中泌出的少量水分,影响水泥水化作用。

2. 室内饰面砖、地砖(含石材)预防空鼓施工方法注意事项

(1) 将基层清理、冲洗干净，做灰饼，抹基层前用水灰比为 0.4～0.5 的水泥浆刷一道以增加基层的黏结力。

(2) 基层必须清理干净，基层上的各类污物应全部清理，并提前一天浇水湿润，一般湿度在 30%～70%。墙砖、地砖使用前也必须清理干净，用干净的清水浸泡墙砖、地砖，直到不冒泡为止，然后取出，待表面晾干后方可铺贴。必要时在水泥砂浆中掺入水泥重量 3%～5% 的 808 胶，使黏结的砂浆和易性及保水性较好，并有一定的缓凝作用，不但增加黏结力，也可以减小黏结层厚度，易于保证铺贴质量。

(3) 施工时严格按照规范操作，具体操作程序为：基层清理→抹底灰→选砖→浸泡→排砖→弹线→粘贴标准点→黏结瓷砖→勾缝→擦缝→清理。施工时墙砖、地砖应干净，黏结厚度应符合施工规范。

(4) 若基层原本有裂缝，则应妥善处理后再铺贴，以免日后基层结构裂缝变大导致墙砖、地砖开裂或脱落。对于平整度或垂直度差距太大的地面、墙面，还要用水泥砂浆进行找平处理。

(5) 为使黏结层与基层之间有较好的黏结，应采用"翻浆法"铺灰。即先将黏结层砂浆平铺在基层上，压平后再将砂浆全部翻身。其好处是可将基层表面未扫净的灰尘及砂砾吸除，一般要求砂浆翻身 2～3 次。黏结砂浆的铺灰厚度以 5～7 mm 为宜。

(6) 地砖铺贴宜采用"批灰"法，这点尤为重要。采用稠度为 3～5 cm 的 1∶1 水泥细砂浆，先将地砖背面的凹樘批平，然后再加灰使地砖中间略高于四周，必须做到满批灰，批灰厚度最薄处为 2～3 mm。

(7) 地砖铺贴时，先用橡胶锤轻敲地砖中央，然后逐步向四周敲打，直至地砖贴平，同时注意地砖周边缝隙，特别是四角是否有砂浆挤出，若无砂浆挤出，说明铺灰厚度不够，应重新铺贴。

(8) 大面积铺贴墙砖、地砖更应注意预留足够的收缩膨胀缝(墙砖留缝 1～1.5 mm,地砖留缝 2～3 mm)，确保收缩所需。墙砖、地砖无特殊工艺要求时采用传统铺贴法即可，但在铺贴中应注意底层砂要敲打排气，检查密度是否一致，如出现局部松散，则要加上砂浆再次敲打排气，然后在砖背面涂上 3 mm 厚的纯水泥敲平，完成铺贴。

(9) 在施工中还要注意气候因素，夏天施工由于材料较平常更为干燥，所以对于墙砖、地砖等需要经过泡水处理的材料，要延长泡水处理的时间，使其水分接近饱和状态，这样就不会出现黏结时由于砖干燥而从水泥中吸水的情况，从而防止砖与水泥黏结不牢固，出现空鼓、脱落现象。冬季施工还需要注意防冻，保证室内适当的温度和湿度。

(10) 常温下，地砖贴好 12 h 后方可上人擦缝，7 d 内禁止闲人在地砖上走动。

3. 室内饰面砖、地砖(含石材)预防空鼓应及时做好严格的质量检查

墙砖、地砖贴好后一般可在 24 h、48 h 和 72 h 做三次空鼓检查。用小锤轻轻敲击地砖表面,根据声音辨别是否空鼓。产生空鼓的墙砖、地砖中,有 90% 以上均在贴好后 24 h 便可查出,此时由于水泥砂浆强度较低,返工较为容易,而在 48 h 和 72 h 后产生空鼓的墙砖、地砖数量较少。

室内饰面砖、地砖施工如图 4-24 所示。

图 4-24　室内饰面砖、地砖施工

4.5.2 室内饰面砖、地砖(含石材)色差控制

【问题描述】

室内饰面砖、地砖(含石材)产生色差现象(图 4-25)。

图 4-25　地砖色差

【原因分析】

(1) 进场时未严格组织材料验收。

(2) 施工前未进行试铺、色差调整工作。

(3) 墙砖、地砖泡水不充分，或泡水的时间相隔过久从而造成坯体水分不同，形成色差。

【预控措施】

(1) 组织专门的质量验收小组，对进入工地的材料进行严格验收，色差循序渐进，将墙砖、地砖根据色差分成三个色级进行编号，分区使用。

(2) 墙砖、地砖的铺贴严格按照编号图、图案、颜色、纹理试拼进行施工，不得随意更改，更不得混用。施工前都必须进行试铺，结合施工大样图及房间实际尺寸，把板块排好，以便检查板块之间的缝隙，核对板材与墙面、柱、洞口等部位的相应位置。在同一色段内进行色差小调整，使之均匀、顺接，将高低差大、色斑、色胆超标的板材进行调整。

(3) 试铺时，以四个准则观察板材：一是整体色泽协调；二是纹理连贯；三是过渡自然；四是无明显差异。观察时注意以底色为主，图案为辅，无须细致到局部或板材与板材之间的区分。如果所观察出的板材，存在两个或两个以上的颜色，则需要及时与供货商联系，协商并调货，确保色号整体一致再进行铺贴。

(4) 墙砖、地砖泡水不充分，或泡水的时间相隔过久从而造成坯体水分不同形成色差，铺贴时使坯体水分尽量一致。

地砖铺贴如图 4-26 所示。

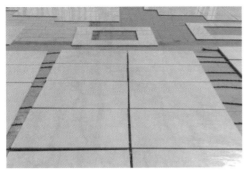

图 4-26　地砖铺贴

4.6　幕墙工程

4.6.1　幕墙防脱落控制

【问题描述】

幕墙板块脱落(图 4-27)。

图 4-27　幕墙板块脱落

【原因分析】

(1) 幕墙玻璃结构胶失效。

(2) 由热应力造成的玻璃破碎。

(3) 幕墙支撑结构失效。

(4) 幕墙扣件固定装置失效。

【预控措施】

关于幕墙防脱落控制,上海地区项目除执行相关国家行业规范要求外,还应按照《关于加强本市房屋建筑立面工程质量管理的通知》(沪建安质监联〔2021〕1 号)、上海市工程建设规范《建筑幕墙工程技术标准》(DG/J 08—56—2019)等地方文件及规范相关的内容执行,其他地区的项目参照执行,具体要求如下:

设计单位的义务和责任:

(1) 玻璃幕墙的连接件与主体结构的锚固承载力设计值应大于连接件本身的承载力设计值,与主体结构或埋板直接连接的连接件厚度应不小于 6 mm。当幕墙构架与主体结构采用后锚栓时,每个连接节点锚栓不应少于 2 个,锚栓直径不应小于 10 mm。

(2) 除消防排烟窗的幕墙部分外,幕墙向外开启角度不应大于 30°,开启距离不应大于 300 mm,开启扇面积不应大于 1.8 m²。

(3) 建筑立面不宜将玻璃等脆性材料用作外挑的遮阳部件或装饰部件。外遮阳或装饰部件应连接在主结构或连接件上,不得采用结构胶或密封胶直接粘在幕墙面板上。

(4) 当幕墙装饰条承受较大外力时应采用机械连接。

(5) 玻璃幕墙的结构胶应采用高耐久性硅酮结构密封胶,设计使用年限不应低于 25 年。硅酮结构密封胶应根据不同的受力情况进行承载力极限状态验算。

(6) 幕墙和采光顶用钢化玻璃应进行均质处理。热轧钢型材截面主要受力部位的厚度应不小于 3.0 mm。

(7) 框支承玻璃幕墙横梁截面主要受力部位的宽厚比应满足规范要求。当横梁跨度不大于 1.2 m 时,铝合金型材截面主要受力部位的厚度不应小于 2.0 mm;当横梁跨度大于 1.2 m 时,其截面主要受力部位的厚度不应小于 2.5 mm。

(8) 框支承玻璃幕墙立柱截面主要受力部位的宽厚比应满足规范要求。铝型材立柱截面开口部位厚度不应小于 3.0 mm,闭口部位厚度不应小于 2.5 mm。

(9) 幕墙采用的石材面板厚度应经强度计算确定。磨光面板厚度,花岗岩不应小于 25 mm;火烧板厚度以计算厚度加 3 mm;砂岩厚度不小于 40 mm;其他石材厚度不小于 35 mm。高层建筑、重要建筑及临街建筑立面,花岗岩面板厚度不应小于 30 mm。

(10) 幕墙面板的板块及其支撑结构禁止跨越主结构变形缝。

施工单位的义务和责任:

(1) 幕墙使用后加锚栓连接时,不宜在与化学锚栓接触的连接件上进行焊接。确需焊接作业时,锚栓应使用机械扩底。

(2) 干挂石材板块不得采用钢销、T 形连接件和角形倾斜连接件连接。干挂石材采用背栓安装时,应采用不锈钢螺栓,并使用专用钻孔设备进行开孔作业。干挂石材系统背栓用于室外装饰时最小直径不应小于 8.0 mm,用于室内装饰时最小直径不应小于 4.0 mm。花岗岩以外的石材面板不应采用水平悬挂、外倾斜安装方式。

1. 石材幕墙防脱落控制

短槽设计规定:

(1)挂件应经计算确定。不锈钢挂件厚度应不小于 3 mm,铝合金挂件厚度应不小于 4 mm。挂件长度应不小于 60 mm。

(2)挂件在面板内的实际插入深度应不小于挂件厚度的 5 倍,短槽长度应比挂件长度大 40 mm 以上,宽度宜为挂件厚度加 3 mm,深度宜为挂件插入深度加 3 mm。槽口两侧板厚度均不小于 8 mm。

(3)短槽边缘到板端的距离应不小于板厚的 3 倍且不大于板支承边长的 0.2 倍。

(4)面板挂装时,应在面板短槽内注入胶黏剂,胶黏剂应具有高机械性抵抗能力。

(5)每个挂件的固定螺栓宜不少于 2 个。螺栓应为不锈钢,直径应不小于 5 mm。

通槽设计规定:

(1)挂件及其连接应经计算确定。不锈钢挂件厚度应不小于 3 mm,铝合金挂件厚度应不小于 4 mm。

(2)挂件插入面板内的深度应不小于挂件厚度的 4 倍,且不小于 15 mm。挂件长度为面板边长减去 30 mm。槽深度应为挂件插入深度加 3 mm。槽宽及槽两侧板材有效厚度与短槽要求相同。

(3)挂件应采用不锈钢螺栓固定,螺栓数量和直径经计算确定,但每边不得少于 3 个,直径不小于 5 mm。

(4)面板挂装前应在槽内填嵌胶黏剂,胶黏剂应具有高机械性抵抗能力,充盈度应不小于 80%。

背栓设计规定:

(1)背栓连接可选择单切面背栓或双切面背栓构造形式。

(2)背栓孔切入的有效深度宜为面板厚度的 2/3,且不小于 15 mm。背栓孔离石板边缘净距不小于板厚的 5 倍,且不大于其支承边长的 0.2 倍。孔底至板面的剩余厚度应不小于 8 mm。

(3)背栓螺栓埋装时,背栓孔内应注环氧胶黏剂。

(4)背栓支承应有防松脱构造并有可调节余量。

(5)背栓连接应采用不锈钢螺栓,直径应不小于 6 mm,每个托板宜用 2 个连接螺栓。

(6)单切面背栓连接时,面板与连接件的间隙应填充胶黏剂,胶黏剂应具有高机械性抵抗能力。

2. 人造板材幕墙防脱落控制

微晶玻璃板的厚度应由计算确定。采用明框或隐框构造时,厚度应不小于

12 mm。选择短槽、通槽和背栓连接时,厚度应不小于 20 mm,并符合以下规定:

(1)微晶玻璃用不锈钢挂件的厚度应不小于 3 mm,铝合金挂件的厚度应不小于 4 mm,短槽挂件的长度应不小于 60 mm,铝型材表面应进行阳极氧化处理,每个挂件宜不少于 2 个固定螺栓。

(2)短槽挂件外侧边与面板边缘的距离不小于板厚的 3 倍,且不小于 100 mm。

(3)微晶玻璃的槽口中心线宜位于面板计算厚度的中心。短槽长度为挂件长度加 40 mm。槽宽为挂件厚度加 3 mm,槽口两侧板厚度均不小于 8 mm。

(4)微晶玻璃挂件插入槽口的深度不小于 15 mm,不大于 20 mm。

(5)挂件与面板间的空隙应填充胶黏剂,胶黏剂应具有高机械性抵抗能力。

(6)微晶玻璃采用背栓连接时,应采用专用钻头和打孔工艺。孔底至板面的剩余厚度应不小于 6 mm。

(7)背栓支承的铝合金型材连接件,截面厚度应不小于 2.5 mm,并满足强度和刚度要求。背栓孔与面板边缘净距不小于板厚的 5 倍,且不大于支承边长的 0.2 倍,并有防脱落、防滑移措施。

3. 复合板材幕墙防脱落控制

短槽设计规定:

(1)铝塑复合板与主体结构间应留空气层。空气层最小处应不小于 20 mm。保温层与铝塑复合板接合时,保温层与主体结构间的距离应不小于 50 mm。

(2)铝塑复合板与支承结构间的连接,可采用螺栓、螺钉固定,连接强度应满足设计要求。

(3)铝塑复合板接缝宽度宜不小于 10 mm。板缝注硅酮建筑密封胶时,底部填充泡沫条,胶缝厚度不小于 3.5 mm,宽度不小于厚度的 2 倍。

(4)板缝为开放式时,铝塑复合板宜采用压条封边或板边镶框。

(5)嵌条式板缝的密封条与板缝的接触应紧密,胶条纵横交叉处应可靠密封。

铝蜂窝板可选用吊挂式、扣压式等连接方式,并符合以下要求:

(1)板缝宽度应满足计算要求。吊挂式蜂窝铝板板缝宽度宜不小于 10 mm,扣压式蜂窝铝板板缝宽度不小于 25 mm。

(2)连接强度应满足计算要求。

(3)四周封边,芯材不得暴露。

4. 单元式幕墙防脱落控制

(1)单元式幕墙框架间应采用不锈钢螺钉连接并采取密封措施。连接螺钉的直径应不小于 5 mm,螺钉数量应经计算确定且每个连接点不少于 3 个,螺钉与型材的连接长度宜不小于 40 mm。不应采用沉头或半沉头螺钉。

(2)单元板块与主体结构锚固连接组件应可三维调节,三个方向的调节量均不小于 20 mm。

（3）单元板块与连接挂件间宜设置成绕水平轴可相对转动的构造形式。

（4）单元式幕墙挂件及锚固连接件应经计算确定。

（5）单元板块间的过桥型材应计算上下左右单元的荷载传递,满足强度及刚度要求。

（6）单元板块与主体结构连接构造节点,应按荷载传递途径建立计算模型进行强度校核。

5. 全玻璃幕墙防脱落控制

设计方面:

（1）全玻璃幕墙玻璃肋的截面厚度不小于 12 mm,玻璃肋截面高度应不小于 100 mm。

（2）全玻璃幕墙的面板及玻璃肋不得与其他刚性材料直接接触。面板与装修面或结构面之间的空隙不小于 8 mm,且应用密封胶密封。

（3）采用胶缝传力的全玻璃幕墙,其胶缝必须采用硅酮结构密封胶。

施工安装方面:

（1）幕墙安装前,主体结构应验收合格。

（2）采用新材料、新构造的幕墙,宜在现场试安装,经业主、监理、土建设计单位认可后方可施工。

（3）有抗爆设计的建筑幕墙,幕墙试件应经过抗爆检测,符合要求后方可施工。

（4）明框支承玻璃面板应通过定位承托胶垫将玻璃重量传递给支承构件。胶垫数量不少于 2 块,厚度不小于 5 mm,长度不小于 100 mm,宽度与玻璃厚度相同,满足承载要求。

（5）隐框或横向半隐框玻璃面板的承托件应验算强度和挠度。承托件局部受弯、受剪的有效长度不大于其上垫块长度的 2 倍,必要时可加长承托件和垫块。承托件可用铝合金或不锈钢板材。承托件尚应验算其支承处的连接强度。

（6）明框幕墙的玻璃面板应嵌装在镶有弹性胶条的立柱、横梁的槽口内,或采用压板方式固定。胶条宜选用三元乙丙橡胶,胶条弹性应满足面板安装的压缩量。

（7）单层玻璃、夹层玻璃面板与型材槽口的配合尺寸应符合规定。

（8）隐框幕墙的玻璃面板,其周边应以结构密封胶与副框黏结,并用压板将玻璃面板固定于幕墙支承结构。压板、副框应经计算确定。压板间距宜为 300～400 mm,螺栓强度应按螺栓连接方式验算。全隐框玻璃幕墙应有防玻璃脱落的构造措施。

（9）隐框玻璃幕墙玻璃面板的结构胶宽度和厚度尺寸应符合规范要求。隐框中空玻璃的结构胶宽度应按中空玻璃外片所受荷载计算确定。

（10）幕墙施工过程中注重成品保护措施。

图 4-28 所示为玻璃幕墙。

图 4-28　玻璃幕墙

4.6.2　密封胶施工控制

【问题描述】

密封胶开裂(图 4-29),产生气体渗透或雨水渗漏。

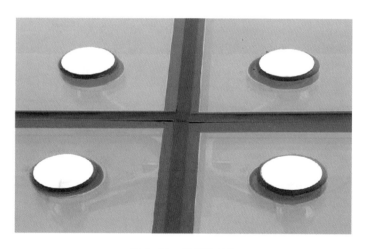

图 4-29　密封胶开裂

【原因分析】

（1）注胶部位不洁净。

（2）胶缝深度过大,造成三面黏结。

（3）胶在未完全黏结前受到灰尘污染或损伤。

（4）龙骨及附件平整度误差偏大,板块之间的缝隙预留不正确。

【预控措施】

（1）注胶时空气湿度应符合设计要求和产品要求,注胶前应使注胶面清洁、干燥。夜晚或雨天不应注胶。

（2）在较深胶缝充填聚氯乙烯发泡材料(小圆棒),使胶形成两面黏结,保证嵌缝深度。

（3）检查盖板底槽的位置安装是否正确,调整盖条两旁板的间距。

（4）注胶后认真养护,直至其安全硬化。

（5）硅酮结构密封胶的黏结宽度和黏结厚度应经计算确定,且黏结宽度应不小于 7 mm,黏结厚度应不小于 6 mm。硅酮结构密封胶的黏结宽度宜大于厚度,但不宜大于厚度的 2 倍。隐框玻璃幕墙的硅酮结构密封胶黏结厚度应不大于 12 mm。

（6）密封胶厚度不应大于 3.5 mm,宽度不小于厚度的 2 倍。槽口较深时,应先填塞聚乙烯发泡材料,材料规格尺寸应适当,防止发泡材料回弹或收缩。

（7）接缝内的硅酮密封胶应与接缝两侧边缘黏结,不应与接缝底面黏结。

整体面层嵌缝做法如图 4-30 所示。

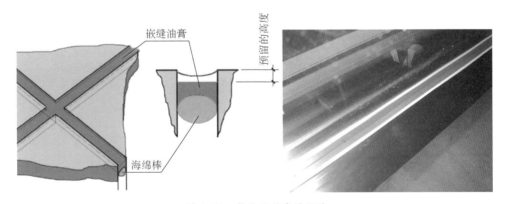

图 4-30 整体面层嵌缝做法

4.6.3 幕墙缝隙控制

【问题描述】

横竖框安装的精度问题直接影响饰面的平整度和胶缝宽度等,如图 4-31 所示。

【原因分析】

（1）测量放线出现误差。

（2）基准层安装定位不精确。

（3）与主体连接出现超差或累积误差超差。

图 4-31 附框与主框安装存在缝隙

（4）竖框与竖框连接出现超差或累积误差超差。

（5）竖框与横框的连接出现超差等。

【预控措施】

（1）深化设计时采用 BIM 技术模拟建模,重点检查与主体结构的连接部位,提前发现容易发生偏差的部位,优化施工。

（2）制定合理放线方案,控制放线精度。

（3）选用先进设备,对计量设备定期进行校核检定。

（4）做好技术交底,严格执行施工样板管理。

（5）控制安装质量,及时进行实测实量,并进行技术复核,避免累积误差。

（6）做好隐蔽工程验收和各部位的专项验收记录。

幕墙缝隙控制如图 4-32 所示。

图 4-32 幕墙缝隙控制

4.6.4 幕墙表面平整度控制

【问题描述】

板面不平整,接缝不平齐(图 4-33)。

图 4-33 板面不平整,接缝不平齐

【原因分析】

(1) 深化设计、分隔缝设置不合理。

(2) 连接码件固定不牢,产生偏移。

(3) 码件安装不平直。

(4) 板面本身不平整。

【预控措施】

(1) 深化设计时运用 BIM 技术建模,做到事前指导现场施工。

(2) 制定合理放线方案,控制放线精度。

(3) 驻厂监造,加强材料进场和安装前质量检查验收,有条件尽量做好面板现场预排版。

(4) 确保连接件的固定,应在码件固定时放通线定位,且在上板前严格检查板的质量,核对供应商提供的产品编号。

幕墙板面平整度控制如图 4-34 所示。

图 4-34 幕墙板面平整度控制

4.6.5 幕墙色差控制

【问题描述】

饰面色差(图 4-35)直接影响建筑感观效果。

图 4-35 饰面色差

【原因分析】

(1)材料出厂质量不好,石材加工没有预先排版。

(2)材料分批加工(玻璃非同炉号,铝板非同批次喷涂或应力变形,石材非同矿脉)。

(3)材料后期变形,玻璃钢化产生波浪或石材晶格蠕变产生变形。

(4)饰面分格板块平整度超差。

（5）玻璃后衬板不平。

（6）金属板安装完毕后，未及时保护，发生碰撞变形、变色、污染、排水管堵塞等现象。

【预控措施】

（1）招标时选择好的幕墙施工单位，严格要求饰面质量标准，限定材料品牌和加工厂家。

（2）驻厂监造，做好厂家石材预排版，把好出厂关，尽可能将石材毛料一次性订货加工。

（3）减少铝板订货批次，减少喷涂影响，并尽量缩短安装周期，减少氧化褪色的影响。

（4）玻璃配色或参数配置技术要求较高，尽量限定技术能力好的玻璃厂家，并尽量将玻璃原片一次订货加工，控制玻璃深加工质量。

（5）施工过程中要及时清除板面及构件表面的黏附物。

（6）安装完毕后立即从上向下清扫，并在易受污染破坏的部位粘贴保护胶纸或覆盖塑料薄膜，在易受磕碰的部位设护栏。

幕墙色差控制如图 4-36 所示。

图 4-36　幕墙色差控制

4.6.6　幕墙渗漏防控

【问题描述】

幕墙产生雨水渗漏（图 4-37）。

【原因分析】

（1）幕墙表面有缝隙。

（2）幕墙表面缝隙周围有积水。

（3）密封胶封堵不密实，密封胶种类选用错误。

图 4-37　幕墙产生雨水渗漏

（4）幕墙底部收口节点设置不符合要求。

【预控措施】

（1）幕墙防渗漏系统应与幕墙特征、类型及边界条件相适应,构造及选材应与立面设计协调,性能指标符合技术标准规定,满足幕墙使用年限内的功能性和耐久性要求。

（2）严格设计并根据经验参照国家标准推荐的范围选择幕墙用材,特别要保证密封硅酮胶的质量可靠,接缝密封胶是保证幕墙具有防水性能、气密性能和抗震性能的关键,其材料必须有很好的防渗漏、抗老化、抗腐蚀性能,并具有适应结构变形和温度胀缩的弹性,因此应有出厂证明和防水试验记录,必须经事先检验符合要求后方可使用。

（3）防止幕墙渗漏的最主要措施在于预留伸缩缝的正确施工方法,严格按操作工艺施工。施工嵌缝密封胶时应注意:充分清洗黏结面,并加以干燥,可采用甲苯或甲基二酮作清洗剂;为调整缝的宽度,避免三边黏胶,缝内应充填聚氯乙烯发泡材料;嵌缝胶的深度（厚度）应小于缝的宽度,因为当板材发生相对位移被拉伸时,胶缝越厚,边缘拉伸变形越大,越容易开裂。较深的密封槽口底部,可用聚乙烯或聚氯乙烯发泡材料堵塞以保证密封胶的设计施工位置;雨天空气湿度太大、气温过低时不宜进行该工序的施工。

（4）防水密封胶应在允许变位范围内使用,其宽度和厚度应满足设计要求。密封胶应做黏结性和相容性试验。不应将结构密封胶作为防水密封胶用于防水界面。

（5）不同类型的幕墙防渗漏方式需参考上海市工程建设规范《建筑幕墙工程技术标准》(DG/TJ 08—56—2019)中第 9 章所规定的内容。

（6）幕墙底部收口要点:

① 钢骨架底距离室外硬化地坪或绿化边墙顶距离不得小于 100 mm,立柱下端伸缩套管不得安装在硬地面或绿化挡土墙上,防止因不均匀沉降引起钢骨架变形和损坏。

② 石材底口一定要及时封闭严密,防止雨水进入和潮气侵蚀、腐蚀钢架。

③ 严禁将幕墙骨架直接做在绿化带或种植土层上,花池与幕墙连接时必须设置硬墙体并加做混凝土压顶,压顶应高于池土种植面 100～150 mm,石材面与花池边口距离不应小于 50 mm。

幕墙底部收口施工如图 4-38 所示。

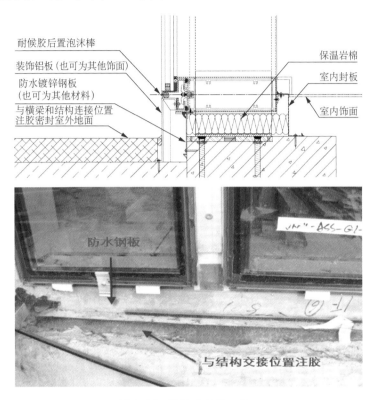

耐候胶后置泡沫棒
装饰铝板(也可为其他饰面)
防水镀锌钢板
(也可为其他材料)
与横梁和结构连接位置
注胶密封室外地面

保温岩棉
室内封板
室内饰面

防水钢板
与结构交接位置注胶

图 4-38　幕墙底部收口施工

4.6.7　安全栏杆设置

【问题描述】

玻璃幕墙未设置防撞设施(图 4-39)。

图 4-39　玻璃幕墙未设置防撞设施

【原因分析】

（1）幕墙的玻璃材质未区分开。

（2）栏杆设置与否界定不清。

【预控措施】

安装在易受到人体或物体碰撞部位的玻璃面板，应采取防护措施，并在易发生碰撞的部位设置警示标志、护栏等防撞设施。

上海市工程建设规范《建筑幕墙工程技术标准》（DG/TJ 08—56—2019）中第 4.3.6 条规定，具备以下条件之一可不设护栏：

（1）在应设置护栏高度位置设有幕墙横梁，且横梁与立柱经抗冲击专项验算，满足可能发生的冲击力。冲击力标准值取 1.2 kN，应计入冲击系数 1.50、荷载分项系数 1.40。玻璃厚度、面积及防护措施应符合《建筑玻璃应用技术规程》（JGJ 113—2015）的规定。

（2）中空玻璃的内片选用钢化玻璃，单块玻璃面积不大于 3.0 m²，厚度不小于 8 mm。

（3）中空玻璃的内片选用夹层玻璃，单块玻璃面积不大于 4.5 m²，厚度不小于 12.76 mm。

（4）单块玻璃面积不大于 4.5 m²，中空玻璃的内片采用夹层玻璃，厚度经专项计算确定，计算荷载作用于玻璃板块中央，冲击力标准值为 1.5 kN，冲击系数为 1.50，荷载分项系数为 1.40，且厚度不小于 12.76 mm。

图 4-40 为设置安全栏杆的玻璃幕墙。

图 4-40　玻璃幕墙设置安全栏杆

4.7 涂饰工程

4.7.1 涂饰工程开裂、掉粉、起皮控制

【问题描述】

涂饰工程开裂、掉粉、起皮(图 4-41)。

图 4-41 涂饰工程开裂、掉粉、起皮

【开裂原因分析】

(1)抹灰层开裂,引起涂饰层开裂。

(2)结构不均匀沉降,引起涂饰层开裂。

(3)涂饰层过厚,未分层且未挂网批涂。

【开裂预控措施】

(1)抹灰前,基层验收合格后方可进行下一道工序,抹灰砂浆种类和强度应符合设计要求,应具有良好的和易性,具有一定黏结强度。抹灰砂浆严禁"落地灰搅拌",严格按照方案施工,分层抹灰,杜绝抹灰"一次成型",抹灰完成后及时浇水养护。

(2)做好地基与基础的稳固措施,及时做好结构沉降观测。

(3)涂饰时,要分层涂布,保证每层涂饰厚度,且最后一次涂布前做好挂网施工工序,挂网隐蔽前按要求通知相关人员验收。

【掉粉原因分析】

(1)油漆太稠,稀释剂过少。

(2)未采用合适的喷涂距离和喷涂压力。

(3)施工场地温度过高,风速过快,干燥过快,油漆无法充分流平。

(4)加入固化剂后放置时间过长。

【掉粉预控措施】

(1)注意油漆配比,合理调漆。

(2)充分熟练喷枪使用方法。

(3)改善施工场所条件。

（4）使用合适的稀释剂,加入固化剂后尽快用完。

（5）增加适量氧化锌。

【起皮原因分析】

（1）水分透入漆面内或墙体表面潮湿。

（2）上道漆未干透。

（3）在阳光直射下进行施工。

（4）乳胶漆干后不久,就暴露在湿气或雨水中。

【起皮预控措施】

（1）确保底漆质量可靠,无漏涂现象。

（2）必须要等上一道漆充分干燥后,才可以施工下一道漆。

（3）不应在大风、潮湿或阳光直射等不良条件下进行涂饰工程施工。

1. 基层处理规定

（1）应清除基层表面的浮灰和杂质。对于油污、隔离剂,应使用相应的溶液洗刷干净,并用清水将溶液冲洗干净,施工前基层应保持洁净、干燥。

（2）混凝土或抹灰基层涂刷溶剂型涂料时,基层含水率不得大于8%;涂刷乳液型涂料时,基层含水率不得大于10%;木材基层的含水率不得大于12%。

（3）抹灰基层空鼓、开裂应剔除并重新进行抹灰粉刷,并应铺贴抗裂网,网片搭接不小于8 cm。

（4）溶剂型涂料的混凝土或抹灰基层应涂刷抗碱封闭底漆。

（5）基层应平整、坚实、牢固,无粉化、起皮、裂缝和砂眼;厨卫间墙面须使用耐水腻子。

2. 施工规定

（1）涂饰工程应选用乳液型和溶剂型涂料,严禁使用易粉化的涂料;施工过程中,要经常搅拌,防止沉淀,严禁随意加水稀释。

（2）涂饰工程要多遍成活,后一遍涂料必须在前一遍涂料干燥后进行,每一遍都应涂刷均匀。

（3）控制好施工温度,应在10℃以上;阴雨、严寒天气或潮湿环境,不宜进行施工。

（4）过于光滑的表面应使用界面剂处理或采取其他措施,以增强涂料的附着力,减少脱落。

（5）涂料涂刷完成后,应及时封闭门窗。

涂饰工程开裂、掉粉、起皮控制如图 4-42 所示。

图 4-42　涂饰工程开裂、掉粉、起皮控制

4.7.2　涂饰工程泛锈控制

【问题描述】

涂饰工程泛锈(图 4-43)。

图 4-43　涂饰工程泛锈

【原因分析】

(1) 底材本身具有浮锈,未清除就进行施工,施工后锈蚀又有发展。

(2) 基材表面有水汽,施工后容易生锈。

(3) 使用涂料质量差,防腐性能不达标准。

(4) 混凝土结构中钢筋保护层厚度不足造成露筋泛锈。

(5) 施工涂料前未切割出铁钉并敲没墙体,也未用防锈漆对钉头进行处理。

(6) 涂饰施工前,对结构浇筑时的对拉止水螺杆的防水措施处理不到位,导致返锈。

【预控措施】

(1) 腻子和涂料施工前,一定要提前清理露出的钢筋、铁钉或铅丝头。

(2) 确保底漆施工前清除表面水汽。

(3) 确保使用的涂料防腐功能符合要求。

1. 基层处理规定

（1）抹灰基层表面易锈蚀铅丝头、铁钉钢筋头等应凿除，埋入抹灰基层内的深度不小于 7 mm。

（2）抹灰基层的抗裂钢丝网应选用镀锌钢丝网，严禁使用普通铁丝网，钢丝网应铺贴平整，避免抹灰覆盖不住。

2. 施工规定

（1）涂刷前，应对腻子基层进行质量验收，确保外露铅丝头、钢丝网等全部清除后再进行涂刷。

（2）涂层表面应色泽均匀，无泛锈现象。

（3）在批腻子之前，对基层外露的铁钉进行防锈处理。

3. 涂饰施工规定

涂饰施工前将外墙螺杆眼封堵到位，外墙对拉螺杆孔封堵工艺步骤：扩孔→清孔→中部 10～12 cm 打发泡胶→内外侧 5～6 cm 防水砂浆封堵→外侧螺杆孔周边 5 cm 涂刷聚氨酯防水涂料。

4.8 细部工程

4.8.1 栏杆高度、间距控制

【问题描述】

栏杆高度不足、立杆间距过大、无障碍通道设置不规范。

【原因分析】

（1）栏杆下料高度不足。

（2）立杆固定件放线定位偏差过大。

（3）无障碍通道坡度过小，门的种类选择错误。

【预控措施】

（1）放线定位按照图纸要求进行复核。

（2）栏杆间距要求如下：

① 住宅、托儿所、幼儿园、中小学及少年儿童专用活动场所的栏杆必须采用防止少年儿童攀登的构造。当采用垂直杆件做栏杆时，其杆件净距不应大于 0.11 m，必须采取防止幼儿攀滑措施。楼梯栏杆应采取不易攀爬的构造，当采用垂直杆件做栏杆时，其杆件净距不应大于 0.9 m。

② 文化娱乐建筑、商业服务建筑、体育建筑、园林景观建筑等允许少年儿童进入活动的场所，当采用垂直杆件做栏杆时，其杆件净距也不应大于 0.11 m。

③ 采用非垂直杆件时，必须采用金属密网、板材等防止儿童攀爬的有效措施。

（3）栏杆高度要求如下：

多层住宅及以下的临空栏杆高度不低于 1.05 m，中高层及以上的临空栏杆高度不应低于 1.1 m，如图 4-44 所示；楼梯梯段栏杆和落地窗围护栏杆的高度不低于 0.9 m，楼梯水平段栏杆长度大于 0.5 m 时，其高度不低于 1.05 m，如图 4-45 所示；栏杆离楼面或屋面 0.1 m 高度内不宜留空；上人屋面和交通、商业、旅馆、医院、学校等建筑临开敞中庭的栏杆高度不应小于 1.2 m，栏杆高度应从所在楼地面或屋面至栏杆扶手顶面垂直高度计算，当底面有宽度大于或等于 0.22 m，且高度低于或等于 0.45 m 的可踏部位时，应从可踏部位顶面算起。进场材料要进行验收。

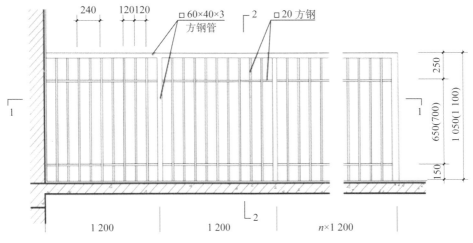

图 4-44　多层及中高层以上平台栏杆(单位:mm)

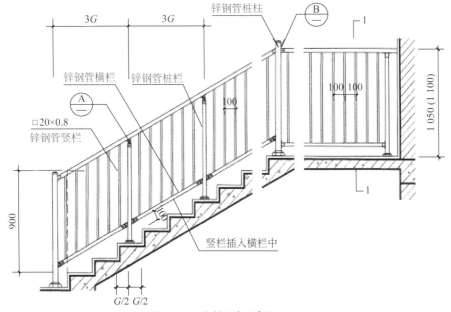

图 4-45　楼梯栏杆(单位:mm)

(4) 无障碍通道的规定如下:

① 坡道应设计成直线形,不应设计成弧线形和螺旋形。每段坡道高度与长度限定为坡度(高/长)1/12,1/16,1/20,容许高度 0.75 m,1 m,1.5 m,水平长度 9 m,16 m,30 m。

② 供残疾人使用的门,优先应采用自动门和推拉门,其次是平台门。不应采用旋转门和力度大的弹簧门。

③ 在坡道、楼梯和超过两级台阶的两侧及电梯周边三面应设扶手,扶手应保持连贯。扶手的起点及终点处,应水平延伸 0.30 m 以上。一层扶手高度为 0.85～0.90 m,设二层扶手时,下层扶手高度为 0.65 m。

4.8.2 栏杆连接固定、耐久性控制

【问题描述】

栏杆连接不牢固、耐久性差(图 4-46)。

图 4-46 栏杆连接不牢固

【原因分析】

(1) 栏杆壁厚不足,栏杆玻璃厚度不足。

(2) 固定件没有安装在牢固的结构上,所用化学锚栓的螺丝没有拧紧,栏杆与固定件没有焊接安装牢固或开焊。

(3) 碳素钢和铸铁等金属栏杆未做防腐、防锈处理。

(4) 栏杆连接方式使用错误,使用普通膨胀螺丝连接。

【预控措施】

(1) 组织专门的质量验收小组,对进入工地的材料进行严格验收,栏杆壁厚不足、栏杆玻璃厚度不足的材料禁止进场。

(2) 工艺流程:定位、放线→安装固定件→焊接立杆→安装盖板石材→焊接扶手固定扁钢→加工玻璃或铁艺栏板→抛光→扶手安装。

(3) 后置埋件应直接安装在混凝土结构或构件上,已装饰部位清除装饰装修材

料(含混凝土和砂浆找平层)后安装后置埋件。固定钢材的膨胀螺栓应前后布置,两颗螺栓的连线应垂直相邻两立柱间的连线。

(4)金属栏杆制作安装的焊缝应进行外观质量检验,其焊缝应饱满可靠,不得点焊、虚焊连。

(5)临空栏杆玻璃安装前,应先安装两片做冲击性能试验,符合要求后才能正式安装。

(6)栏杆玻璃的嵌缝深度:两对边固定不小于 15 mm,四边固定不小于 10 mm,并用硅酮耐候胶封严,应使用厚度不小于 12 mm 的钢化玻璃或钢化夹层玻璃。当栏杆一侧距楼地面高度为 5 m 及以上时,应使用钢化夹层玻璃。

(7)点支承栏杆玻璃的螺栓直径不应小于 8 mm,材质为不锈钢或铜制螺栓;安装时,玻璃孔内和两侧均应垫尼龙垫圈或垫片,金属不得直接接触玻璃。

(8)防止儿童攀爬的金属密网和板材安装必须牢固,不得松动脱落;金属密网应进行包边等处理,防止刮伤儿童。

(9)碳素钢和铸铁等金属栏杆应进行防腐处理,除锈后应涂刷(喷涂)两度防锈漆和两度及以上面漆,也可采取镀锌、镀塑等有效的防腐处理措施。

(10)护栏和扶手转角弧度应符合设计要求,接缝应严密,表面应光滑,色泽应一致,不得有裂缝、翘曲及损坏。

(11)现场固定部位,如是二次浇筑的构造柱,则应该改用化学螺栓进行连接;如是现浇结构,则需采用预埋件固定。

栏杆连接固定如图 4-47 所示。

图 4-47　栏杆连接固定

（12）护栏和扶手安装的允许偏差和检验方法应符合表4-1的规定。

表 4-1　护栏和扶手安装的允许偏差和检验方法

序号	项目	允许偏差/mm	检验方法
1	护栏垂直度	3	用 1 m 垂直检测尺检查
2	栏杆间距	3	用钢尺检查
3	扶手直线度	4	拉通线,用钢尺检查
4	扶手高度	3	用钢尺检查

5.1 细石混凝土刚性保护层开裂、渗漏控制

【问题描述】

屋面细石混凝土刚性保护层开裂(图 5-1)。

图 5-1 屋面细石混凝土刚性保护层开裂

【原因分析】

(1) 由于大气温度、太阳辐射、雨、雪及其他热源作用和温度极差等的影响,若温度分隔缝未按规定设置或设置不合理,在施工中处理不当,都会产生温度裂缝,特别是夏季屋面受阳光的直射热量散发不出去温度极高,若遇暴雨将形成各种不同形状的裂缝。

(2) 混凝土配合比设置不当,施工时振捣不密实,收光、压光不好以及早期干燥脱水,后期养护不当,都会产生裂缝。

(3) 水泥的稳定性能差,同样是后期产生裂缝的原因。

(4) 分隔缝后期处理不到位。

【预控措施】

(1) 细石混凝土刚性保护层的混凝土强度等级不得低于 C30,厚度不小于 50 mm,分格缝间距不应大于 4 m,缝宽为 10~20 mm。

(2) 根据项目具体情况、原材料情况等设置混凝土配合比,每立方米细石混凝土水泥用量不得少于 330 kg,粉煤灰掺量不大于 15%;细石混凝土浇捣时,应先铺

2/3 厚度混凝土并摊平后放置焊接钢筋网片,网孔不大于 100 mm×100 mm,网筋直径不小于 4 mm。再铺剩下 1/3 的混凝土,振捣并碾压密实,收水后分两次整平压光。

（3）分格缝应采用 SBS 或 APP 改性沥青等防水卷材进行热铺封盖。当细石混凝土刚性保护层上铺设地砖时,卷材表面应与地砖表面齐平。

（4）分格缝封盖的卷材厚度不得小于 4 mm。

（5）保水养护不得少于 14 d。

（6）分格缝处理干净、干燥后,应嵌填防水油膏,缝口热铺防水卷材,宽度不小于 150 mm。

（7）保护层等屋面工程全部施工完毕后,做 24 h 蓄水试验,不渗漏、不积水为合格。

5.2　卷材收口处渗漏控制

【问题描述】

卷材收口处渗漏(图 5-2)。

图 5-2　卷材收口处渗漏

【原因分析】

（1）收口处基层未处理干净、铺贴不严密、粘贴不牢靠。

（2）泛水区域上翻高度不足。

（3）收口处未设置凹槽且有效密封,或者平面收口未有效固定且密封。

（4）落水口、过水洞处未设置防水附加层,防水层未深入落水口、过水洞。

【预控措施】

（1）卷材施工前基层处理需要经过验收,待合格后方可进入下一步工序,所有出屋面的结构与屋面交接处的阴阳角应设置 R 角,涂膜层涂刷厚度满足 1.5 mm 厚,转角部位需加设附加层。卷材施工加强过程质量控制,必须严格按照施工方案进行。

（2）屋面泛水部位卷材收口处应高出屋面完成面 250 mm 以上,用 0.75 mm 厚、

15 mm 宽镀锌金属压条和水泥钉钉压牢固,钉距不大于 400 mm。

(3) 铺贴卷材收口处的基层与上部装饰面在同一粉刷层时,应设置金属披水板,固定披水板的钉距不大于 400 mm。

(4) 屋面泛水部位应用防水砂浆打底并抹压密实、平整。

(5) 基层干燥后,应弹出卷材收口的水平线,齐线铺贴卷材。

(6) 金属压条钉压牢固后,应用密封材料将卷材收口封严。

(7) 金属披水板安装固定后,披水板上口应用耐候胶封严。

(8) 不设披水板的卷材收口,应在金属压条部位贴耐碱纤维网,粉一道 8~10 mm 厚的防水砂浆做保护层。

(9) 落水口、过水洞处设置防水附加层,防水层深入落水口、过水洞不小于 50 mm。

5.3 雨水口渗漏控制

【问题描述】

雨水口渗漏(图 5-3)。

图 5-3 雨水口渗漏

【原因分析】

(1) 雨水口预埋浇捣不密实。

(2) 雨水口周围未设置防水附加层。

(3) 防水层未深入雨水口内。

(4) 溢流口设置不合理,洪期时雨水不能及时排出,甚至导致存水现象出现。

【预控措施】

(1) 侧墙雨水口应采用不小于 2 m 厚的钢板氧焊焊接,口部应为矩形,尺寸不小于 200 mm×300 mm,预埋时浇捣密实,防止结构渗漏。砌体部位应在墙体砌筑时埋设,周边用防水砂浆粉平填实,粘贴卷材的折边宽度不小于 40 mm。若采用铸铁雨水口,其形状和尺寸应符合本款规定。

（2）雨水口周边应增设一道防水卷材附加层。

（3）防水层应深入雨水口不小于 50 mm。

（4）雨水口安装完毕后、防水层施工前,雨水口周边应打坝做 24 h 蓄水试验,蓄水深度应超过雨水口最高部位 50 mm。蓄水试验无渗漏后,方可进行下道工序施工。

（5）屋面工程结束前,雨水口各配件应涂刷两度调和漆。

（6）溢流口（图 5-4）应设在女儿墙侧墙上,呈方形,底口一般不低于完成面 300 mm 高的位置。

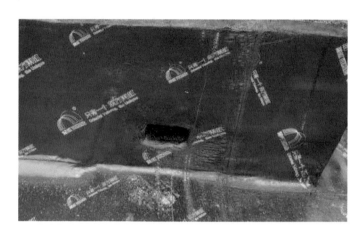

图 5-4　溢流口

5.4　变形缝渗漏控制

【问题描述】

变形缝渗漏（图 5-5）。

图 5-5　变形缝渗漏

【原因分析】

（1）变形缝只做构造防水，没有采用柔性防水设防。

（2）未采用混凝土反坎梁或反坎梁高度不足 250 mm，只采用砖砌体反坎梁，形成的变形缝防水能力不足。

（3）变形缝反坎梁边没有预留足够的变形空隙，同时防水设防不足，未嵌填柔性密封材料。

（4）屋面构造层因热胀冷缩推裂反坎梁阴角部位（砖砌反坎梁尤为突出），变形缝的泛水部位没有做防水增强层。

（5）变形缝的防水层没有采用具有足够变形能力的材料以及施工过程中没有预留足够变形余量。

（6）变形缝密封材料黏结力、延伸率不足，往往在结构变形及温差两者共同作用下产生开裂、脱离等现象。

【预控措施】

（1）对变形缝的防水处理必须选用变形能力强及耐老化性能的合成高分子防水卷材，并应具备有效的密封构造措施。

（2）屋面变形缝应避免设计成平缝，变形缝墙应采用 C20 及以上混凝土浇筑，不得采用砖砌。变形缝墙体宜与屋面结构板一起浇捣，不留施工缝。如不能一次浇捣，应在墙体浇捣前在施工缝位置嵌填 5 mm×8 mm 遇水膨胀密封胶。

（3）在变形缝内填背衬材料及弹性密封材料，对等高变形缝在墙顶铺贴一条通长 U 形防水卷材，宽度与墙面相同，先贴好一面，缝中嵌入聚乙烯泡沫塑料棒作衬垫，再粘贴另一面，上面再盖一层高分子卷材，并与防水层相连接黏牢，形成整体防水层。然后在变形缝顶部加钢筋混凝土盖板或金属盖板，混凝土盖板接缝用密封胶嵌填密实。

（4）对高低跨变形缝，则按 U 形方式铺设卷材，卷材应伸入低跨女儿墙压顶下方，卷材上方的收头应塞入高跨墙体预留的凹槽内，先用压条或垫片钉压固定，凹槽上部再用金属披水板钉压固定。卷材收头及金属板均用密封材料封严。

（5）变形缝两侧防水层应满粘，纵向搭接宽度不小于 200 mm，并密封严密。

（6）对于大屋面结构变形缝处反坎高度与屋面出入口门槛高度应不低于建筑完成面 250 mm，卷材应满粘并覆有保护层。

变形缝渗漏控制如图 5-6 所示。

图 5-6　变形缝渗漏控制

5.5　屋面上反梁排水控制(含设备基础)

【问题描述】

屋面上反梁排水问题(图 5-7)。

图 5-7　屋面上反梁排水问题

【原因分析】

(1)屋面上反梁(设备基础)处防水收口不到位。

(2)高出完成面不足 250 mm 的反梁或设备基础,防水层未全包处理。

(3)反梁或设备基础防水保护层不到位或破损,导致防水层破坏。

【预控措施】

(1)屋面上反梁(设备基础)处防水收口处设置凹槽并用 0.75 mm 厚、15 mm 宽镀锌金属压条和水泥钉钉压牢固,钉距不大于 400 mm。

(2)高出完成面小于或等于 250 mm 的屋面上反梁、设备基础采用防水层全包处理。

（3）在防水层外粉一道 8～10 mm 厚的防水砂浆保护层。

屋面上反梁排水控制如图 5-8 所示。

图 5-8 屋面上反梁排水控制

5.6 钢结构根部泛水控制

【问题描述】

钢结构根部泛水(图 5-9)。

图 5-9 钢结构根部泛水

【原因分析】

（1）钢结构漏水导致生锈。彩钢板作为屋面铺盖的主要板材,是决定屋面防水效果的主要因素之一。通常其自身热膨胀系数比较大,若外界温度变化大,就极易引起彩钢板的收缩变形,在接口处发生比较大的位移,这就容易在彩钢板搭接部位埋下质量隐患,致使屋面漏水发生。另外,不同板型有不同的连接方式,例如搭接式侧向连接、扣盖式侧向连接、咬边式侧向连接、暗扣式侧向连接,这四种连接方式各有其特点及优势,根据工程实际合理选用对屋面漏水现象有一定的控制作用。

（2）施工组织不严密。在钢结构施工中,若不对屋面上的彩钢板进行成品保护,对其随意踩踏或施以不均匀荷载,就会导致屋面不平整,严重时会出现屋面坑洼,破坏坡度的连续性,以致积水渗漏。

（3）关键部位、关键节点质量意识淡薄。如钢结构天沟焊接过程中存在质量缺陷,聚氨酯涂刷不严密等,女儿墙等根部阴角没有按规定做成圆弧或圆弧太小,卷材端边收头密封不严,上口白铁皮变形,固定点稀少加之密封材料封口不好,伸出屋面的管道根部堵洞不严,管道四周找平层没有高出附近找平层,防水层泛水高度不够。刚性屋面产生裂缝,分格缝处防水密封膏与缝侧壁黏结不牢而渗水。

（4）淋水检验、试验不到位,发现问题未能采取有效修补措施,从而留下渗漏隐患。

【预控措施】

（1）规范钢结构彩钢板屋面设计。

（2）设计过程不仅要依据规范进行设计,更要结合当地自然条件因素及工程实况选取合理坡度,同时还应综合考虑彩钢板板型选取、屋面排水组织、细部构造进行设计。设计阶段做好理论上的各项防漏措施,将为后续的施工打下良好的基础。

（3）合理选材。选择合适的屋面板材质和板型对防水效果有重要意义。目前常用的彩板主要有镀锌板和镀铝锌板。镀锌板通常是在镀锌基板上涂刷多层耐久性较好的面漆制成,镀铝锌是在钢板表面以 55% 的铝、43.4% 的锌和 1.6% 的硅化剂在 600℃ 高温下固化在钢板表面,形成致密的四元结晶体,在标准大气环境下,使用寿命大大延长。因此,建议选用耐久性好的镀铝锌板。屋面防水材料的选择,应选用质量信得过的厂家,由于金属屋面板的材料特性,应选用适合金属板屋面的防水材料,如具有较高的黏结强度、追随性好以及耐久性极佳的丁基橡胶防水密封黏结带,作为金属板屋面的配套防水材料。

（4）强化现场施工管理。首先,要强化材料进场控制,确保材料在运输过程中未出现损坏,确保质量符合相关标准后方可运入施工现场。其次,在钢结构彩钢板铺设以及固定过程中要严格按照相关施工规范进行操作,若在管理过程中发现不合理施工操作,应及时加以纠正,以免材料在施工过程中受到不必要损坏,影响钢结构彩钢板整体施工质量。最后,做好屋面板成品保护,按施工组织顺序施工,对于检验、试验过程中发现的问题应及时整改,真正做到预防为主。

钢结构根部泛水控制如图 5-10 所示。

图 5-10　钢结构根部泛水控制

5.7　排气屋面渗漏控制

【问题描述】

排气屋面渗漏(图 5-11)。

图 5-11　排气屋面渗漏

【原因分析】

(1) 预留洞口不规范,混凝土振捣不密实。

(2) 防水套管理设不规范,二次振捣不密实。

(3) 嵌缝材料不合格,管缝间嵌缝不密实。

(4) 防水做法不规范,管材分离易渗水。

(5) 偷工减料未安装伞帽,温差影响渗水。

【预控措施】

（1）正确留置预留洞。预留洞的留置必须采用标准模具，并牢固地固定在施工图设计要求的准确位置，以防位移。

（2）清理预留洞口杂物。首先将预留洞口周围混凝土有蜂窝、麻面、振捣不实及松动石子处剔凿并清理干净，二次浇筑混凝土的前一天充分浇水湿润。

（3）规范二次浇筑混凝土的施工顺序。第一次用细石混凝土浇筑预留洞口的下半部，深度大约为板厚的2/3。细石混凝土的制作要严格按照配合比进行，并认真执行操作规程，振捣要密实，并按规定进行浇水养护和保湿。第一次浇筑的混凝土强度达到设计强度的70％左右时，方可进行下次的处理，其方法为：施工洞口上半部分可采用安装铸铁管水泥捻口的方法将上部洞口分层捻实、捻平，也可采用二次浇灌沥青的方法将洞口浇平。

（4）防水套管必须牢固地固定在施工图设计要求的准确位置，以防位移。防水套管的安装必须与其周围的混凝土浇筑同时施工。

（5）防水套管周围的混凝土应连续浇筑，振捣密实，并按规定进行浇水养护。

排气屋面渗漏控制如图5-12所示。

图5-12　排气屋面渗漏控制

5.8　种植屋面防根刺控制

【问题描述】

种植屋面防水层被根刺渗水(图5-13)。

【原因分析】

（1）原屋顶防水层存在缺陷。

（2）建造种植屋面时破坏了原防水层。

（3）种植屋面水源多。

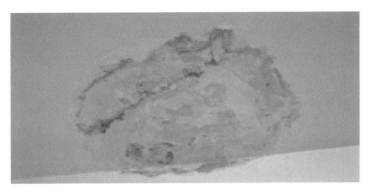

图 5-13　种植屋面防水层被根刺渗水

(4) 植物根系对防水系统的危害。

【预控措施】

1. 做防水试验和保证良好的排水系统

建造种植屋面,必须进行二次防水处理。首先,要检查原有的防水性能:封闭出水口,再灌水,进行 96 h(4 天 4 夜)的严格闭水试验。闭水试验中,要仔细观察房间的渗漏情况,有的房屋连续闭水 3 d 不漏,第 4 d 才开始渗漏。若能保证 96 h 不漏,说明屋面防水效果好,但这种防水效果也只适用于非种植屋面的情况。防水层是保证屋顶不漏的关键技术问题,但屋顶防水和排水是两个方面,因此还必须处理好屋顶的排水系统。在屋顶园林工程中,种植池、水池和道路场地施工时,应遵照原屋顶排水系统进行规划设计,不应封堵、隔绝或改变原排水口和坡度。特别是大型种植池排水层下的排水管道,要与屋顶排水口配合,注意相关的标准差,使种植池内的多余灌水能顺畅排出。

2. 不损伤原防水层

实施二次防水处理,最好先取掉屋顶的架空隔热层,取隔热层时,不得撬伤原防水层。取后要清扫、冲洗干净,以增强附着力。在一般情况下,不允许在已建成的屋顶防水层上再穿孔洞与管线和预埋铁件与埋设支柱。因此,在新建房屋的屋顶上建种植屋面时,应由园林设计部门提供种植屋面的有关技术资料。如将预留孔洞和预埋件等资料提供给结构设计单位,并由他们将有关要求反映到建筑结构的施工图中,以便建筑施工中实现种植屋面的各项技术要求。如果在旧建筑物上增建种植屋面,无论是哪种做法的屋面防水层,均不得在屋顶上穿洞打孔、埋设铁件和支柱。即使一般设备装置也不能在屋顶上"生根",只能采取其他措施使它们"浮摆"在屋面上。

3. 重视防水层的施工质量

目前种植屋面的防水处理方法主要有刚柔之分,各有特点。由于蛭石栽培对屋盖有很好的养护作用,此时屋顶防水最好采用刚性防水,宜先做涂膜防水层,再做刚性防水层,其做法可参照标准设计的构造详图。刚性防水层主要是屋面板上铺50 mm 厚细石混凝土,内放 φ4@200 双向钢筋网片 1 层(这种做法即成整筑层),所用混凝土中可加入适量微膨胀剂、减水剂、防水剂等,以提高其抗裂、抗渗性能。这种防水层比较坚硬,能防止根系发达的乔灌木穿透,起到保护屋顶的作用,而且使整个屋顶有较好的整体性,不易产生裂缝,使用寿命也较长,比柔性卷材防水层更适合建造种植屋面。屋面四周应设置砖砌挡墙,挡墙下部设泄水孔和天沟。当种植屋面为柔性防水层时,上面还应设置一层刚性保护层。也就是说,屋面可以采用一道或多道(复合)防水设防,但最上面一道应为刚性防水层,屋面泛水的防水层高度应高出溢水口 100 mm。刚性防水层因受屋顶热胀冷缩和结构楼板受力变形等影响,易出现不规则的裂缝,从而造成刚性屋顶防水失效。为解决这个问题,除在 30~50 mm 厚的细石混凝土中配置钢丝或钢筋网外,一般还可用设置浮筑层和分格缝等方法解决。所谓浮筑层即隔离层,将刚性防水层和结构防水层分开以适应变形的活动。构造做法是在楼板找平层上,铺一层干毡或废纸等以形成隔离层,然后再做干性防水层。也可利用楼板上的保温隔热层或沙子灰等松散材料形成隔离层,然后再做刚性防水层。干性防水层的分格缝是根据温度伸缩和结构梁板变形等因素确定的,按一定分格预留 20 mm 宽的缝,为便于伸缩在缝内填充油膏胶泥。

需要注意的是:由于刚性防水层的分格缝施工质量往往不易保证,除女儿墙泛水处应严格要求做好分格缝外,屋面其余部分可不设分格缝。屋面刚性防水层最好一次全部浇捣完成,以免渗漏。防水层表面必须光洁平整,待施工完毕,刷两道防水涂料,以保证防水层的保护层设计与施工质量。要特别注意防水层的防腐蚀处理,防水层上的分格缝可用"一布四涂"盖缝,并选用耐腐蚀性能好的嵌缝油膏。不宜种植根系发达,对防水层有较强侵蚀作用的植物,如松、柏、榕树等。

种植屋面防水施工如图 5-14 所示。

图 5-14 种植屋面防水施工

5.9 坡屋面滑移控制

坡屋面滑移(图 5-15)。

图 5-15 坡屋面滑移

【原因分析】

(1)坡屋面自身坡度较大。

(2)所需材料如钢筋、混凝土自重比较大。

(3)施工过程未严格按照施工方案与图纸进行。

【预控措施】

(1)采用支单层模板或双层模板的方法浇筑混凝土。单层模板混凝土坍落度不能过大,控制在 150 mm 左右;如采用双层模板,混凝土坍落度不能过小,控制在 180 mm 左右,坍落度的允许偏差值要控制在 ±10 mm 范围之内。

(2)坡屋面混凝土的浇筑主要采用点振法施工,是用振动棒垂直于模板面对楼面层混凝土进行振捣,主要优点是:振捣面积小,能一步振捣到位,可提高混凝土的密实性;振捣所需的时间短,每点振动时间约 10 s,可减少混凝土的流失。必须控制好混凝土振捣时机和振捣时间,宜在布料后隔一段时间,使混凝土获得初步沉实,再进行振捣。振捣屋面梁应"快插慢拔",保证振捣密实。振捣屋面斜板宜"密布、浅插、快速移动",即振捣时插入深入不宜过大,约 1/2 板厚,振点须紧密,在 200～300 mm,并适当加快振捣速度。这样一方面可保证楼板振捣密实,另一方面又可防止混凝土沿坡度方向产生过大的滑动流淌。振捣时掌握程度以混凝土表面翻出水泥浆为宜,并注意观察混凝土下滑流淌情况,以流淌的混凝土能盖住板面筋上层筋为宜。

(3)作业面设技术人员和专职质检员进行质量跟踪,对振捣密实度、下料方法、高低差留置、平整度、墙柱钢筋进行监督检查,对不符合施工工艺标准的行使质量否决权,有权下令停工修复,直至符合工艺标准才能继续施工。

（4）混凝土浇筑完毕后,需待拆模试块达到设计强度方可拆除底模。

坡屋面施工如图 5-16 所示。

图 5-16　坡屋面施工

6.1 顶棚保温质量问题防治

6.1.1 顶棚无机纤维保温基层表面污染,平整度误差大,喷涂厚度随意,喷涂后表面感观整体不均匀

【问题描述】

基层表面污染,平整度误差大,表面感观整体不均匀(图 6-1)。

图 6-1 基层表面污染,平整度误差大

【原因分析】

(1)基层表面灰尘和污垢未清理。

(2)喷涂随意,未设置安放厚度标尺控制厚度,吊挂件及预埋件未检查。

(3)基层未提前喷涂胶液水溶液。

(4)未检查所用材料是否符合国家现行标准的有关规定,是否经国家建材检测中心检测合格,材料品种、质量是否符合设计要求,未严格按产品组合配套使用。

【预控措施】

在施工工序交底时,对保温顶棚的质量问题预防应注重以下几个技术措施:

(1)施工前,应对喷涂纤维棉和黏结剂进行抽样检验,符合标准要求,纤维棉应干燥无结块,洁白无污物,黏结剂应无分层、无发泡、无变质变色。

(2)喷涂基面处理:清理喷涂基面灰尘和污垢,检查吊挂件及预埋件是否牢靠,

应将松动部件紧固，如原基面已经损坏或有严重裂缝，应先进行修补。

（3）对各种设备、管线和非喷涂部位防护遮挡，堵塞非喷涂部位及通风管线通孔。

（4）基层表面预喷底涂层：基层表面清洁后，即可使用已配好的喷涂黏结剂对基面预喷胶进行处理，胶量应适当和均匀，不流淌。

6.1.2　顶棚无机纤维保温喷涂层产生明显脱落、分层、变形、开裂和飘洒现象

【问题描述】

保温喷涂层产生明显脱落、分层、变形、开裂和飘洒现象（图6-2）。

图6-2　保温喷涂层产生明显脱落

【原因分析】

（1）喷涂基层未清理。

（2）喷涂材料配制方式不符合要求。

（3）未预喷涂胶液水溶液。

（4）未安放厚度标尺（标块），喷涂角度不符合技术要求。

（5）抹压遍数不够，抹压不均匀。

（6）喷涂后表面修整不到位。

【预控措施】

（1）基层表面应清洁，无油污、蜡、脱模剂、涂料、风化物、污垢、霜、泥土等其他妨碍黏结的材料。

（2）材料配制和调试：打散压缩纤维棉，连续将喷涂棉填入喷涂机内，并保持料箱内纤维材料充足。喷涂胶使用洁净水在专业配套容器内稀释黏结剂原液，严格控制配制比例，不得随意增加水量稀释，随用随配，避免胶液冻结失效。

（3）喷涂设备调试：通过样板试喷、胶液流量和出棉量的测量，逐步调整风压范

围和进料搅拌速度,达到喷涂工艺的要求。

(4)基础表面涂刷黏合剂或喷涂胶液水溶液,充分渗透到基础后再进行喷涂作业。

(5)分区安放厚度标尺(标块),然后进行喷涂。喷涂角度应符合技术要求,以便获得较大的压实力和最小的回弹。对于喷涂厚度小于100 mm的喷涂层可一次喷涂完成。

(6)喷涂层表面整形:待喷涂产品表面干燥约半小时后,根据保温或吸声工程的不同要求,使用毛滚、铝辊、压板或铝合金杠尺等不同整形工具进行表面整形。

(7)在整形后的产品表面再次喷涂黏结剂面涂层,以增强表面强度。

6.2 地面保温系统施工控制

6.2.1 YTS隔声集料楼板系统(再生轻骨料混凝土)面层空鼓、裂缝

【问题描述】

面层空鼓、裂缝(图6-3)。

图6-3 面层空鼓、裂缝

【原因分析】

(1)在铺设YTS集料时,楼板基层未处理杂物等。

(2)使用已结块的YTS再生轻骨料混凝土干混料。

(3)钢筋网片保护层厚度过大或过小。

(4)YTS再生轻骨料混凝土防护层的混凝土面层振捣不密实。

(5)施工完成后,没能及时覆盖和喷水养护。

【预控措施】

在施工工序交底时,对保温地坪的质量问题预防应注重以下几点:

(1)楼面基层处理时,应将表面油渍、浮灰、污垢等影响黏结的杂物清理干净。墙面和顶棚抹灰时的落地灰、在楼板上拌制砂浆留下的沉积块,要用剁斧清理干净。板面、踢脚部位墙面的凸出物应凿除,凹陷部分应采用1:3水泥砂浆修补找平。楼板面和墙面应干燥,其平整度允许偏差应不大于5 mm。

（2）楼板基层应平整、干燥，不得有开裂现象。

（3）隔声集料施工现场应专人负责拌制，并应严格按产品水灰比 0.25∶1 计量；一次拌制的用量应在可操作时间内用完，严禁使用已结块的 YTS 隔声集料。

（4）各构造层在凝结硬化前应防止水冲、踩踏、撞击。

（5）应采用商品混凝土搅拌站提供的 YTS 再生轻骨料混凝土，严禁使用已结块的 YTS 再生轻骨料混凝土干混料。

（6）YTS 隔声集料楼板隔声系统的防护层中设置钢筋网片的配筋应不低于 φ3 mm@100 mm×100 mm 或 φ4 mm@150 mm×150 mm。钢筋网片防护层的厚度应控制在 10～15 mm。

（7）YTS 再生轻骨料混凝土防护层，其厚度应不小于 40 mm；当防护层下设置有地暖管时，混凝土防护层厚度应不小于 50 mm。

（8）浇筑面积较大时应分区域浇筑。浇筑过程中应按计划分段顺序摊铺，并应控制钢筋网片保护层厚度不小于 15 mm；应随铺随用长木杠压平拍实，表面塌陷处应采用 YTS 再生轻骨料混凝土补平。

（9）防护层施工不应留置施工缝。施工完成后，应及时覆盖和喷水养护，湿养护时间应为 7～14 d。

6.2.2　YTS 隔声集料楼板系统(再生轻骨料混凝土)面层起砂、起皮

【问题描述】

面层起砂、起皮(图 6-4)。

图 6-4　面层起砂、起皮

【原因分析】

（1）浇筑成型后，浮于表层的轻骨料颗粒未能处理。

（2）YTS 再生轻骨料混凝土防护层抹压遍数不够、抹压时机不对，抹压中撒水泥砂拌和料不均匀。

（3）在已做好的混凝土面层上，拌和混凝土或砂浆。

（4）养护期间混凝土面层未达到设计要求的抗压强度就进入下一道工序施工。

【预控措施】

（1）浇筑成型后，应先将浮于表层的轻粗骨料颗粒压入混凝土内，再应采用齿条翻平后由平板式振捣器振捣密实、磨平。

（2）终凝前应完成抹压作业。抹压时应将水泥均匀撒在 YFS 再生轻骨料混凝土面层表面，应采用铁抹子将水泥抹平压光。

（3）门框、墙面上残存的砂浆应及时清理干净。

（4）严禁在已做好的混凝土面层拌和混凝土或砂浆。

（5）养护期间混凝土面层抗压强度未达到 5 MPa 时不得在其上行人。

（6）养护期过后，其他工种操作时，要注意对成品地面的保护，严禁磕、砸，严禁在地面上直接拌和砂浆，水电安装及吊顶工作进行时所用八字爬梯下面支脚应用软布包好。

6.2.3 XPS 挤塑聚苯板保温楼板保温系统（细石混凝土）面层空鼓、裂缝

【问题描述】

面层空鼓、裂缝（图 6-5）。

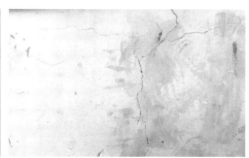

图 6-5　面层空鼓、裂缝

【原因分析】

（1）铺细石混凝土之前基层不干净，如有水泥浆皮及油污。

（2）钢筋网片浇筑混凝土时，被混凝土压下未提拉，导致钢筋网片无保护层，致使混凝土开裂。

（3）刷水泥浆结合层时面积过大，用扫帚扫、甩浆等都易导致面层空鼓。

（4）混凝土的坍落度过大，滚压后水分过多。

（5）撒干拌和料后终凝前尚未完成抹压工序，造成面层结构不紧密易开裂。

（6）养护不及时，养护期内未保证混凝土处于湿润状态。

【预控措施】

(1)基层表面、墙面和顶棚抹灰时的落地灰,楼板上的沉积砂浆块应清理干净;墙角、管根、门槛等部位被埋住的杂物要剔凿干净;楼板表面的油污,应用5%～10%浓度的火碱溶液清洗干净。清理完后要根据标高线检查细石混凝土的厚度,防止地面过薄而产生开裂。基层清理是防止地面空鼓的重要工序,一定要认真仔细地做好。

(2)沿楼板的上表面错缝满铺XPS挤塑板,挤塑板的铺设应平整、无翘曲。相邻挤塑板之间应紧密铺设,接缝宽度不应大于1 mm,相邻两板拼缝高差不大于1.5 mm,否则应用钢丝刷打磨平整。铺完对缝隙采用宽度不小于80 mm的接缝胶带进行封缝。粘贴应平整、牢靠,无皱褶、无气泡。

(3)钢筋网片应放置在混凝土的中间部位偏上位置,离混凝土保护层顶面10～15 mm,在伸缩缝处的钢筋网片应断开。钢筋网片搭接应采用细铁丝绑扎牢固,搭接宽度不应小于100 mm。绑扎时,应注意铁丝头向上,避免铁丝头刺破保温板。铺设时,应在钢丝网下垫专用垫块,垫块间距不宜超过500 mm。正确放置钢筋网片,能减少细石混凝土面层裂缝的产生。

(4)控制混凝土的坍落度,浇筑混凝土过程中严禁私自加水。

(5)木抹子搓平后,在细石混凝土面层上均匀地撒1∶1干水泥砂,待灰面吸水后再用长木杠刮平,用木抹子搓平。

(6)楼层楼面地坪在房间的门口、内墙阳角处以及外墙大角处,由于地坪收缩应力不均衡易形成横向、纵向和斜向的裂缝,必要时,可在以上部位面层中局部设置加强网片。

(7)细石混凝土面层压光后12 h内进行浇水养护,浇水次数应能保证混凝土处于湿润状态,时间不得少于7 d。

6.2.4 XPS挤塑聚苯板保温楼板保温系统(细石混凝土)面层起砂、起皮

【问题描述】

面层起砂、起皮(图6-6)。

图6-6 面层起砂、起皮

【原因分析】

(1)混凝土水灰比过大。

(2)抹压遍数不够,抹压时机不对,压面中未及时提出混凝土中的原浆。

(3)在抹压过程中撒干水泥面(应撒水泥砂拌和料)不均匀,有厚有薄,表面形成一层厚薄不匀的水泥层,未与混凝土很好地结合,会造成面层起皮。

(4)养护期间过早进行其他工序操作,都易造成起砂现象。

【预控措施】

(1)浇筑混凝土严禁私自加水。

(2)抹压次数不少于3遍。第一遍用铁抹子轻轻抹压面层,把脚印抹平;第二遍在面层开始凝结时,将面层的凹坑砂眼和脚印压平;第三遍是将面层抹子纹抹平压光,压光的时间应控制在终凝前完成。

(3)养护期间混凝土面层抗压强度未达到5 MPa时不得在其上行人;抗压强度达到设计要求后,方可正常施工。

(4)运输材料用手推胶轮车不得碰撞门框、墙面抹灰和已完工的楼地面面层。

(5)不得在已做好的混凝土面层上拌和混凝土或砂浆。

(6)养护期过后,其他工种操作时,要注意对成品地面的保护,严禁磕、砸,严禁在地面上直接拌和砂浆,水电安装及吊顶工作进行时所用八字爬梯下面应支脚用软布包好。

6.3 外墙内保温

6.3.1 板材类内保温系统起鼓、脱落控制

【问题描述】

保温板起鼓、脱落(图6-7)。

图6-7 保温板起鼓、脱落

【原因分析】

（1）保温板表面洁净度不够，墙体基层未按要求使用专用界面剂。

（2）黏结面积、方式不符合要求。

（3）门、窗、洞口及系统终端的保温板，未用整板套割处置。

【预控措施】

（1）保温板粘贴前，清除板表面碎屑浮尘，并对墙体界面用专用界面砂浆进行处理。

（2）门、窗、洞口四周、阴阳角处和保温板上下两端距顶面和地面 100 mm 处，均应采用通长黏结，且宽度不应小于 50 mm，其余部位可采用条粘法或点粘法，总的粘贴面积不应小于保温板面积的 40%。

（3）门、窗、洞口及系统终端的保温板，应用整板套割处置，任何接缝距洞口四角不得小于 300 mm。

（4）抹面层施工应在保温板粘贴完毕 24 h 后方可进行。

6.3.2　板材类内保温系统面层开裂控制

【问题描述】

保温板面层开裂（图 6-8）。

图 6-8　保温板面层开裂

【原因分析】

（1）上下排之间保温板未错缝排列。

（2）保温板之间的板缝过大。

（3）玻璃纤维网搭接长度及施工工艺不符合要求。

【预控措施】

（1）上下排之间保温板应错缝 1/2 板长排列，门、窗、洞口四角处不得有接缝，且任何接缝距洞口四角不得小于 300 mm，阴角和阳角处的保温板应做切边处理。

(2) 保温板之间应紧靠且板缝不得大于 2 mm。

(3) 玻璃纤维网搭接长度应严格按照要求施工,施工时应把玻璃纤维网压入专用黏结剂,须做到平整严实,不得有皱褶、空鼓、翘边。

6.3.3 复合板内保温系统起鼓、脱落控制

【问题描述】

复合保温板起鼓、脱落(图 6-9)。

图 6-9 复合保温板起鼓、脱落

【原因分析】

(1) 基层未清理干净,保温板未按要求进行界面处理。

(2) 复合板黏结面积不达标。

(3) 锚栓深度不达标。

【预控措施】

(1) 粘贴复合板前,应将基层墙面清理干净,不得有灰尘、污垢、油渍及残留灰块等,有界面处理要求的保温板应在粘贴前按要求涂刷界面剂。

(2) 涂料饰面时,粘贴面积不应小于复合板面积的 30%;面砖饰面时,粘贴面积不应小于复合板面积的 40%。

(3) 门、窗、洞口四周、外墙转角和复合板上下两端距顶面和地面 100 mm 处,均应采用通长黏结,且宽度不应小于 50 mm。

(4) 锚栓进入基层墙体的有效锚固深度不应小于 25 mm,基层墙体为加气混凝土时,锚栓的有效锚固长度不应小于 50 mm,有空腔结构的基层墙体,应采用旋入式锚栓。

6.3.4 复合板内保温系统面层开裂控制

【问题描述】

复合板内保温系统面层开裂(图 6-10)。

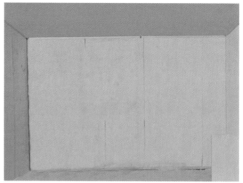

图 6-10　复合板内保温系统面层开裂

【原因分析】

(1) 保温板之间拼缝间距较大。

(2) 玻纤布设置不到位,使用的胶黏剂不合格。

【预控措施】

(1) 复合板接缝处的黏结应使用嵌缝石膏或柔性勾缝腻子粘贴牢固,填塞密实,嵌缝深度距板表面不应小于 5 mm,以保证密封胶有足够厚度。

(2) 板间接缝和阴角宜采用玻纤布居中粘贴牢固。

6.3.5　保温砂浆类内保温系统空鼓控制

【问题描述】

保温砂浆类内保温系统空鼓(图 6-11)。

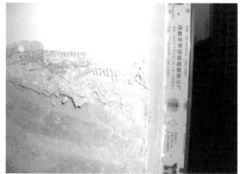

图 6-11　保温砂浆类内保温系统空鼓

【原因分析】

(1) 基层未清理干净,界面砂浆未做到位。

(2) 保温砂浆搅拌及使用时间不符合要求。

(3) 保温砂浆分层施工时,厚度及间隔时间不符合要求。

（4）保温砂浆层养护不到位。

【预控措施】

（1）基层墙面清理干净,不得有灰尘、污垢、油渍及残留灰块等,界面砂浆需均匀涂刷于基层墙体。

（2）保温砂浆应采用机械搅拌,机械搅拌时间不宜少于 3 min,且不宜大于 6 min,搅拌好的砂浆应在 2 h 内用完。

（3）保温砂浆应分层施工,每层厚度不应大于 20 mm,后一层保温砂浆施工应在前一层终凝后进行(一般为 24 h),且不宜超过 72 h。

（4）施工完成后及时做好保温砂浆层的养护,不应水冲、撞击和震动。

6.3.6 保温砂浆类内保温系统面层开裂控制

【问题描述】

保温砂浆类内保温系统面层开裂(图 6-12)。

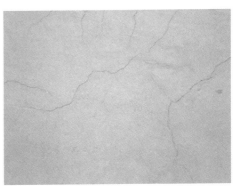

图 6-12 保温砂浆类内保温系统面层开裂

【原因分析】

（1）玻璃纤维网搭接长度不符合要求。

（2）玻璃纤维网施工时未压实平整,施工工艺不符合要求。

（3）门、窗、洞口部位耐碱玻璃纤维网格布粘贴不到位。

【预控措施】

（1）玻璃纤维网搭接长度应严格按照要求施工,不得小于 100 mm,两层搭接玻璃纤维网格布之间必须满布抹面胶浆,严禁干茬搭接。

（2）应先将抹面胶浆均匀涂抹在保温层上,再将网格布压入胶浆之中,须做到平整严实,不得有皱褶、空鼓、翘边,不得先将网格布直接铺贴在保温面层上再用砂浆涂布黏结。

（3）在门、窗、洞口等的边角处应沿 45°方向提前用抗裂砂浆增贴一道耐碱玻璃纤维网格布,网格布的尺寸为 400 mm×200 mm。

(4)抗裂防扩层施工完成后应检查平整、垂直及阴阳角方正,不符合要求的应用抗裂砂浆进行修补。

6.4 管道保温施工质量控制

6.4.1 保温材料选用不当的控制

【问题描述】

保温性能不良,夏季出现结露返潮现象。

【原因分析】

(1)保温材料选用不当。

(2)保温材料进场未复验。

【预控措施】

(1)保温材料必须具备产品质量证明书及出厂合格证明,其规格性能必须符合设计要求。

(2)保温材料应根据管道介质温度、管道的材质及所处环境进行选择。

(3)保温材料进场时应对材料的导热系数或热阻、密度、吸水率等性能进行复验,复验应为见证取样检验,同厂家、同材质的绝热材料,复验次数不得少于 2 次。

6.4.2 保温层不密实、胀裂、脱落的控制

【问题描述】

保温层不密实、胀裂、脱落(图 6-13)。

图 6-13 保温层胀裂

【原因分析】

（1）保温材料切割过程中截面不平整。

（2）管道表面杂质未清理。

（3）胶水涂刷不均匀,且未等胶水干化立即黏结。

（4）保温材料受潮。

【预控措施】

（1）要求施工人员在下料过程中要使用直尺,不能徒手下料。

（2）保温前按规定清除表面铁锈,并刷两层防锈底漆。在保温材料黏结时,必须将管道表面的杂物、灰尘、油污清理干净,以保证胶水的黏结效果。

（3）在需要黏结的材料表面涂刷胶水时应该保证薄而均匀,胶水干化到以手触摸不沾手为最好黏结效果。

（4）保温材料严禁受潮,室外作业时如遇雨天,应停止施工,并做好材料的保护。

6.4.3　金属保护壳松脱、潮湿场所的保护壳接缝处渗水的控制

【问题描述】

金属保护壳松脱、成型差,潮湿场所的保护壳拼接未错位、渗水,如图 6-14 所示。

图 6-14　金属保护壳松脱、成型差、拼接未错位

【原因分析】

（1）金属外壳搭接长度不够,有较大缝隙,固定点间距过大。

（2）安装时逆水搭接。

（3）管壳搭接处未做密封处理。

【预控措施】

（1）施工人员制作金属护壳时,应根据保温层外圆加搭接长度下料。

（2）潮湿场所中金属保护壳的纵、横向接缝应顺水。

（3）环向接缝应与管道轴线保持垂直,纵向接缝应与管道轴线保持平行。水平金属保护壳的纵向接缝宜在水平中心线下方的 $15°\sim45°$ 处,当侧面或底部有障碍物时,可移至管道水平中心线上方 $60°$ 以内。接缝处应错位安装。垂直金属保护壳的纵向接缝宜在侧后方。

（4）金属保护壳搭接处,应按规定嵌填密封剂或在接缝处包缠密封带。金属保护壳与外墙面或屋顶的交接处应加设泛水。

6.4.4　室外给排水、消防管道漏做保温

【问题描述】

阳台,连廊,有百叶窗的楼梯、设备间、地下室,车道进入口 20 m 处等敞开连通室外区域的管道冻塞(图 6-15)。

图 6-15　敞开连通室外区域的管道漏做保温

【原因分析】

（1）漏做管道保温。

（2）对特殊部位保温的交底有遗漏。

（3）作业人员业务知识差、思想不重视。

【预控措施】

（1）施工前,项目部技术人员应对保温施工规范做详细了解,并对特殊部位的保温做专门的交底,预防施工过程中出现质量问题。

（2）对新上岗人员进行业务培训或使用施工经验丰富的熟练工人进行作业。

参考文献

[1] 俞道亭,段道明.柔声保温隔声非精装地坪防开裂施工技术[C]//2017中国建筑施工学术年会论文集,北京:中国建筑学会建筑施工分会,2017.

[2] 王先峰.玻璃幕墙渗漏与预防[J].中国新技术新产品,2010(8):147.

[3] 青龙建材.屋面变形缝细部防水构造措施不当引起的渗漏原因及预控措施[EB/OL].2016-08-27.http://www.qinglong.com.cn/jishu/jiaoliu/2971.html.

[4] 刘振峰,段新艳,李贞茹.浅析住宅楼屋面排气管根部渗水[J].建筑工程技术与设计,2014(25):808.